KB085958

하루 1 질문

초등 글쓰기의
기적

공부 실력을 단번에 끌어올리는

하루 1 질문

초등 글쓰기의 기적

• 윤희솔 지음 •

RHK
알에이치코리아

선행학습보다 글쓰기
질문 수업을 선택한 이유

코로나19의 장기화로 학습 격차에 대한 우려가 높아지는 가운데, 어느 때보다 자기주도적 학습의 중요성이 더욱 강조되고 있습니다. 학습자가 스스로 삶의 주체가 되어 자신만의 학습 방법을 결정하는 자기주도 학습 능력은 질문에서 시작합니다. 질문하는 아이는 무기력하지 않습니다. 알고 싶은 것을 찾아내서 공부하려는 마음이 준비되어 있기 때문이죠. 성공적인 학습의 필수조건인 학습 동기는 질문과 밀접한 관련이 있습니다. 선행학습보다 질문이 중요한 이유입니다.

글쓰기 질문 수업은 아이들이 글을 계속 이어서 쓸 수 있게 돕기 위해 했던 질문에서 시작했습니다. 글쓰기를 도와주려고 몇 마디 물어봤을 뿐인데, 아이들의 입에서 기발한 생각이 튀어나왔습니다. 질문이 중요하다는 걸 깨달은 순간이었습니다. 질문에 익숙하지도, 질문을 잘하지도 못하는 내가 아이들이 질문하게 만들 수 있을지 확신이 없었습니다. 하지만 처음엔 질문하겠다는 말만 해도 긴장했던 아이들이 어느새 "예상과 추측은 뭐가 달라요?", "나라가 망하는 모습이 다 너무 비슷해요. 역사에서 다 알려주는데 왜 자꾸 망한 거죠?" 하는 놀라운 질문을 스스럼없이 하기 시작했습니다. 질문은 꼬리를 물고 이어져 엉뚱한 곳에 다다르기도 합니다. 융합이 일어나는 순간입니다. 질문은 미래 핵심 역량인 창의성과 융합의 근간입니다.

안타깝게도 요즘 아이들은 질문할 여유가 없습니다. 영어 단어라도 한 개 더 외워야 칭찬도 받고, 친구보다 진도를 빨리 나갈 수 있으니까요. 질문다운 질문, 누가 봐도 번듯한 답을 해야 한다는 압박감도 아이들이 질문하지 않는 이유입니다. 결국, 시간이 흐를수록 알고 싶은 것도, 궁금한 것도 없는, 질문하지 못하는 아이로 변합니다. 부모님과 선생님도 질문에 익숙하지 않기에, 교실과 집에서도 질문을 찾아보기 힘듭니다.

하루아침에 질문하기 어려운 사회 분위기를 바꾸기는 어렵습니다. 가정과 교실부터 아이들이 마음 놓고 질문할 환경을 만들어 주어야 합니다. 마음과 생각이 자라는 질문을 하려면 가이드가 필요합니다. 글자를 아는 아이에게도 획순과 자형을 가르쳐야 바르게 글씨를 쓸 수 있는 것처럼, 어려서 질문을 많이 했던 아이들도 진지한 탐구의 시작이 되는 질문은 어떻게 해야 하는지 알려줘야 합니다.

그렇다고 "지금부터 질문을 어떻게 해야 하는지 알려주겠다." 하면서 질문으로 아이들에게 또 다른 짐을 주고 싶지 않았습니다. 어른의 말과 행동을 따라 하는 아이들의 특성을 활용해서, 기회가 될 때마다 아이들을 간질이는 느낌으로 질문했습니다. 멋진 질문을 해야 한다는 부담감을 주고 싶지 않아서 쉬운 질문부터 던졌습니다. '선생님도 저렇게 간단한 질문을 하네? 그럼 나도…?'하며 간질간질한 부위를 얼른 긁고 싶은 마음이 들기를 바라면서 말입니다.

이 책의 핵심은 '질문으로 시작하여 글쓰기를 완성하는 방법'이며 다섯 장과 부록으로 구성되어 있습니다.

1장에서는 초등학교에서 아이들과 함께 글쓰기를 하던 제가 질문에 주목한 이유를 밝힙니다. AI, 실시간 화상 수업, 도산한 백화점을 물류 창고로 매입하는 아마존을 보며 갑자기 훅 들이닥친 미래가 두려웠습니다. 현실로 다가와 버린 미래에 우리 아이들이 갖춰야 할 능력은 무엇인가 고민한 끝에 찾은 답이 질문이었습니다.

2장에서는 교사와 엄마로서 질문을 잘하기 위해 노력하며 습관처럼 했던 질문을 소개합니다. 아이의 마음을 나누는 관계가 아이의 인성은 물론 공부와 글쓰기의 전제조건이기에 아이의 마음을 열고 생각을 길어내는 질문을 하려고 노력했습니다. 처음부터 질문을 잘하기가 어려웠습니다. 저도 수업을 집중해서 잘 듣고 달달 외워야 좋은 성적과 평판을 얻는 분위기에서 자라난, 질문이 어색한 세대니까요. 짧지만 강력한 힘을 가진 하루 1 질문을 위한 세 가지 습관을 확인하시길 바랍니다.

3장에는 공부머리 키우는 질문을 실었습니다. 저에게도 단답형 문항을 몇 개 맞혔는지로 학습 도달도를 확인하고 안심했던 시절이 있습니다. 그러나 초등교사로서 많은 학생을 만나면서 배운 내용을 자기 말로 설명하고, 자신의 삶과 연결해야 진짜 공부가 된다는 걸 경험했습니다. 공부머리를 키우고 진짜 배움으로 이끌기 위해 아이들과 교과서를 한줄 한줄 천천히 읽으면서 묻는 말 중 다섯 가지를 골라 소개합니다.

4장에서는 아이들이 글을 쓰는 데 도움이 된 질문을 다룹니다. 글쓰기는 스스로 묻고 답하는 과정입니다. 아이들이 글을 쓰기 위해 혼자 묻고 답하기는 어려우므로, 하고 싶은 말이 떠오르게 무심코 툭 던졌습니다. 선생님의 질문에 답하고, 그 말을 그대로 쓰면 글이 완성되는 과정을 여러 번 경험한 아이들은 스스로 질문하기 시작했습니다.

5장에서는 아이들과 글쓰기 질문 수업을 하면서 지키는 원칙을 언급합니다. 책에서 질문이 중요하다고 하니까 아이에게 열렬히 질문을 하는 분이 계실까 봐 염려되어 쓴 글이기도 합니다. 자칫 잊기 쉬운, 그러나 가장 중요한 아이의 마음을 살피고 보듬는 지속 가능한 글쓰기 질문 수업이 되길 바라며 이 장을 썼습니다.

부록 '글쓰기 좋은 질문 50'은 저의 글쓰기 질문 수업을 간접적으로나마 공개하는 심정으로 채웠습니다. 글을 이어서 쓰게 돕는 작은 질문에 답하면 글 한 편이 완성되는 성공감을 맛보길 바랍니다. 아이들에게는 설명하는 것보다 예를 보여주는 것이 더 효과적입니다. 예시글을 재미있게 읽고, 자기도 쓰겠다며 금방 연필을 들 때가 많습니다. 실제 글쓰기 질문 수업에서 제가 쓴 글을 예로 보여주는 것처럼, 부록에도 예시 글을 실었습니다. 부록에 실린 글쓰기 질문 수업을 마칠 때쯤엔 아이들이 스스로 묻고 답하며 글을 쓰게 되기를 소망합니다.

학교와 집에서 글쓰기 질문 수업을 이어가면서도 저는 여전히 질문이 너무 어렵습니다. 바보 같은 질문을 한 것 같아서 얼굴이 벌게진 적이 한두 번이 아닙니다. 이미 훌륭한 질문을 하고 계시는 분들에겐 저의 짧은 소견이 우스워 보일 수 있다는 생각에 이불을 걷어차기도 합니다. 하지만, 글쓰기의 중요성을 논의하는 자극제가 되기를 바라는 마음에서 저의 첫 책인 『하루 3줄 초등 글쓰기의 기적』(청림life, 2020)을 펴냈듯, 아이의 생각과 마음을 길어내는 질문에 주의를 기울이기를 바라는 마음으로 이 책을 썼습니다.

책의 처음부터 함께하며 전문적인 식견을 나누어 준 에디터님께 감사드립니다. 선생님의 질문에 눈을 반짝이며 국어사전과 교과서를 뒤적이면서 골똘히 생각하는 제자들과 따뜻하게 응원해주시는 학부모님께도 감사합니다. 언제나 든든한 내 편이 되어 주는 양가 부모님과 친지, 지인분들의 건강을 빕니다. 무엇보다 이젠 엄마의 질문에 질문으로 응수하는 사랑하는 두 아들, 엉뚱한 질문에도 재치 있는 답으로 온 가족을 웃게 해주는 남편에게 말로는 다 전하지 못할 애정과 고마운 마음을 전합니다.

윤희솔

차례

1장

질문을 통한
글쓰기의 중요성

현실이 된
미래를 만나다

학생생활기록부를 손글씨로 쓰기 시작해서 교육행정정보시스템 NEIS에 입력하기까지 급변하는 학교 현장을 온몸으로 겪은 선배 교사들도 입을 모아 달라진 학교 현장에 적응하기 힘들다고 말합니다. 유례없이 장기화 된 코로나19로 인해 학생 집단감염이 발생하거나 가족을 통해 감염되는 등 전국적으로 학교 방역에 비상이 걸리면서 비대면 원격수업으로 전환되었기 때문입니다.

생활 전반에 영향을 미친 코로나19는 교육에도 하나의 기점을 만들었습니다. 처음으로 맞이한 온라인 개학에 현장은 그야말로 공황 그 자체였습니다. 교육부가 뉴스에서 '온라인 개학'을 발표할 때 드라마 속

한 장면을 보는 느낌이 들었습니다. 와이파이도 없는 교실, 동영상 제작은커녕 재생도 잘 안 되는 컴퓨터, 교과서 사진마저 저작권 때문에 마음대로 사용할 수 없는 학교의 현실은 과거에 머물러 있었습니다.

그러나 가장 염려했던 건 초등학생이 스스로 온라인 수업에 참여할 수 있을지였습니다. 당장 컴퓨터는 만진 적도 없고, 스마트 기기 사용 경험이라고는 주말에 동영상을 볼 때만 사용한 것이 전부인 아들이 걱정이었습니다. 하지만 5분도 안 되어 제가 쓸데없는 걱정을 했다는 것을 알게 됐습니다. 컴퓨터를 켜고 끄는 방법, 온라인 학급에 접속해서 수업을 듣고 참여하는 방법만 알려줬는데, 아들은 제가 잘 모르던 메뉴까지 찾아서 쓰기 시작했습니다. 심지어 다음날부터는 진도율에 문제가 생긴다고 게시판에 글을 남기기까지 했습니다. 제 아들이 똑똑해서가 아니었습니다. 학생 대부분이 스마트 기기를 능숙하게 다루었습니다. 어린 시절부터 스마트폰, 컴퓨터 등 디지털 기기에 둘러싸여 성장한 '디지털 네이티브digital native' 세대라는 말이 피부로 와닿았습니다.

전화와 문자 메시지만 되는 휴대전화에도 열광했던 때가 불과 20년 전입니다. 그래서 저에겐 걸음을 못 뗀 유아조차 스마트폰을 능숙하게 조작하며 유튜브를 보고 게임을 하는 모습은 비현실적으로 다가옵니다. 앞으로 20년, 아니 1년 후에 어떤 기술이 눈 앞에 펼쳐질지는 아무도 모르는 시대에 내가 살고 있다는 사실이, 당장 눈앞의 현실도 받아들이기 어려운 내가 미래를 살아갈 디지털 네이티브를 가르치고 있다는 사실이 버겁기도 합니다.

AI 로봇 선생님과 수업을 하는 모습은 미래 공상 과학 영화 속에나 등장하는 장면이었는데, 이제는 현실이 되었습니다. 미국의 한 IT 기업이 발명한 교육용 AI 로봇은 맞춤형 학습이 가능하며, 북미를 비롯한 남미 수천 개의 교육 현장에서 사용되고 있습니다. 가천대학교 보건과학대학의 '운동생리학' 수업과 의과대학의 '4차 산업과 의학' 수업에서는 무선 AP를 설치한 강의실을 구축하고, 클래식 VR 기기를 도입해 실제 같은 경험을 제공하며 학습효과를 높이고 있습니다. 학생들은 VR로 구현된 가상현실 속에서 신체 내부 장기를 확대해 눈앞에서 실제로 보는 생생함을 경험할 수 있게 된 것입니다.

10년 후의 미래가 갑자기 일상으로 다가왔습니다. AI, 학생 없는 교실, 사람 한 명 다니지 않는 뉴욕 5번가, 미국을 대표하던 백화점이 아마존 물류 센터로 바뀌는 사진은 코로나19가 4차 산업혁명의 속도를 높이고, 범위 또한 넓히고 있음을 체감하게 합니다. 10년 뒤 미래의 학교는 어떻게 변화할까요? 그리고 교사라는 직업과 교육 현장은 어떻게 발전해 있을까요? 기술이 발달하며 교육의 질도 높아지는 만큼 IT 강국인 대한민국에서 또 어떠한 형태의 미래 교육이 펼쳐질지의 기대와 함께 이 낯선 변화에 어떻게 적응하고 좋은 방향으로 만들어나가야 할지에 대한 과제가 생겼습니다.

4차 산업혁명, 창의성이 답이다

2016 다보스포럼에서 처음 사용하기 시작한 '4차 산업혁명'은 이제 초등학교 1학년 학생도 아는 용어가 됐습니다. 날마다 손에서 놓지 못하는 스마트폰이 4차 산업혁명의 산물이라는 사실만 봐도 이미 4차 산업혁명은 우리의 삶 깊숙이 들어와 있습니다. 손바닥만한 크기의 스마트폰 하나로 많은 것을 할 수 있는 세상이 왔습니다. 경제활동인구의 대부분이 사용하고 있는 스마트폰은 전화나 문자 메시지뿐만 아니라 웹서핑, 게임, 동영상 감상, 쇼핑, 문서 열람 및 작성 등 여가생활을 즐기거나 업무를 수행하는 데 없어서는 안될 중요한 기기가 되었습니다.

증기기관의 발명으로 시작된 1차 산업혁명, 전기에너지를 바탕으로 대량 생산을 가능하게 한 2차 산업혁명, 컴퓨터와 인터넷을 기반으로 한 3차 산업혁명은 인류의 생활 모습을 크게 변화시켰습니다. 4차 산업혁명 또한 우리의 삶을 이전과는 완전히 다르게 바꿔 놓을 겁니다. 그리고 그 흐름은 막을 수 없을 것입니다. 그렇다면 '4차 산업혁명'이란 정확히 무엇일까요?

"인공지능, 빅데이터 등 디지털 기술로 촉발되는 초연결 기반의 지능화 혁명" - 대통령 직속 4차 산업혁명 위원회

"폭넓은 분야에서 새롭게 부상하는 과학 기술의 약진을 통해 이루어질, 믿기 어려울 정도의 엄청난 융합"[1] - 클라우스 슈밥(세계경제포럼 회장)

"정보통신 기술ICT의 융합으로 이루어지는 차세대 산업 혁명" - 위키피디아

풀어 놓은 말은 조금씩 다르지만 4차 산업혁명의 정의에는 공통으로 들어가는 낱말 2가지가 보입니다. 과학 기술과 융합(초연결)입니다. '4차 산업혁명' 빅데이터 연관 주제는 인공지능, 정보 기술, 기술혁명, 조직유형, 능력, 미래입니다. 전 세계 사람들의 검색어 동향을 살펴볼 수 있는 Google 트렌드에서 '4차 산업혁명'을 입력했을 뿐인데 어떤 미래

가 펼쳐질지 어렴풋이나마 그려집니다. 인공지능, 정보 기술과 같은 과학 기술의 혁명적인 발달과 융합으로 조직유형은 물론 사회가 요구하는 능력이 달라지는 미래가 바로 4차 산업혁명의 모습일 것입니다.

저에게 4차 산업혁명이 피부로 와닿기 시작한 건 2016년 3월, 바둑판 위에서 펼쳐진 인간과 AI의 대결이었습니다. 알파고와 이세돌의 대국 결과를 보고 충격에 휩싸여 영화 '터미네이터'가 현실이 될 수도 있겠다는 막연한 두려움으로 한 달을 보낸 기억이 아직도 생생합니다. 바둑만큼은 컴퓨터가 사람을 이기지 못할 거라고 믿었습니다. 그런데 알파고가 이세돌을 4대 1로 가뿐히 눌렀습니다. 기자회견에서 "질 줄 몰랐는데 져서 놀랐다."라며 고개를 떨구던 이세돌과 알파고와의 대결에서 3전 전패를 당해 눈물까지 흘리던 당시 세계 1위 커제의 모습을 보고 저는 무기력감마저 들었습니다.

그 이후 인공지능AI은 눈부시게 발전을 거듭했고, 수많은 분야에 활용되고 있습니다. 미국에서는 이미 AI가 증거물을 찾고, 판례를 분석하는 일을 대체하고 있습니다. 법률자료 검토 AI 시스템을 개발한 회사 프론테오FRONTEO의 이사 시라이 요시카쓰는 미국 판사들이 "2013년 무렵부터 AI를 '사용해도 좋다.'가 아니라 '사용해야 한다.'로 생각이 바뀌었다."라고 전합니다. 회계사를 대신하여 AI가 재무제표 확인과 대조하는 일도 당연한 일이 됐습니다. 방대한 임상데이터와 진단사례를 단기간에 분석할 수 있는 AI가 의사를 대신하여 진단을 내립니다. 심지어 그

림을 그리고, 작곡하고, 소설을 쓰고, 개인 맞춤형 맥주를 만드는 AI도 등장했습니다.[2]

　세계경제포럼에서 발간한 「일자리의 미래」에서는 4차 산업혁명으로 인해 총 700만 개의 일자리가 사라지고, 210만 개의 일자리가 새롭게 창출될 것으로 전망했습니다. 단순 사무직과 관리 직종을 비롯한 500만 개의 일자리가 AI로 대체될 것입니다. 자동차의 등장으로 마부가 일자리를 잃었던 것처럼, 4차 산업혁명으로 발생하는 실업은 경기가 살아나도 회복되지 않는 구조적이고 항구적인 실업입니다. 재능과 기술을 가진 사람과 이를 적극적으로 발굴하고 창조하는 기업은 빠른 속도로 성장하지만 그러지 못한 개인과 기업은 즉각적으로 도태될 것으로 전망했습니다.[3] 지금과는 완전히 달라질 4차 산업혁명 시대를 살아갈 아이들에게는 어떤 능력이 필요할까요?

　세계경제포럼은 세계적 기업의 인사담당자와 전략기획 담당자에게 미래 인재가 갖추어야 할 능력이 무엇인지 물었습니다. 가장 많은 사람이 문제 해결 능력과 창의성이라고 답했습니다. '초연결', '융합'이 특징인 4차 산업혁명 시대에서 맞이하게 될 문제는 점점 더 복잡해질 것이므로 비판적 사고능력과 창의성은 4차 산업혁명에서 가장 중요한 능력으로 자리잡을 것입니다. 세계경제포럼은 과학기술의 발전과 사회의 변화를 고려하여 '21세기 기술' 이라는 이름으로 미래 사회를 이끌어 나갈 사람이 갖추어야 할 16가지 핵심 기술을 발표하였습니다. 그중 단연

코 돋보이는 능력은 '창의성'입니다.

인공지능에 의한 직업의 자동화 대체 확률을 연구 조사하여 발표한 한국고용정보원의 박가열 연구위원은 "우리 사회가 인공지능과 로봇을 중심으로 한 제4차 산업혁명을 주도하려면 교육패러다임을 창의성과 감성 및 사회적 협력을 강조하는 방향으로 전환해야 한다."고 말했습니다.[4] 서울 커리어 포럼에서는 인간 지적 능력을 흡수력(관찰력·집중력), 파악력(기억·재생력), 추리력(분석·판단력), 창의력으로 나누었습니다. 그리고 흡수력, 파악력, 추리력에서는 AI가 인간을 능가하므로, 오직 인간만이 가진 창의력이 중요하다고 밝혔습니다.

'시대가 요구하는 능력의 변화'라는 4차 산업혁명의 빅데이터 검색 결과는 이미 기업의 채용 방식에서 그 예를 찾아볼 수 있습니다. 구글, 마이크로소프트, 딜로이트, 페이스북, 에어비앤비 등 4차 산업혁명을 이끄는 기업에서는 조직유형과 신입사원 채용 방법을 완전히 바꾸었습니다. 미국 경제전문지 「포춘」 선정 500대 기업 대부분은 2010년대에 SAT(대학수학능력시험) 점수, 학교 GPA, 학위를 검토하여 최상위층의 지원자를 채용하던 방식을 수정하거나 폐기했습니다. SAT 점수, 출신 학교의 명성은 재능을 예견하는 지표가 되지 못했기 때문입니다. 이 회사들은 지금까지 채용의 핵심이었던 대학교 졸업장, 시험 성적, 학업 성적을 전혀 보지 않습니다. 심지어 나이, 성별, 출신 지역도 채용 서류 항목에 빠져 있습니다.

그렇다면 이 시대를 앞서나가는 기업에서는 어떤 인재를 뽑을까요? 구글의 예를 들어보겠습니다. 구글의 인사담당 임원 라즐로 복Laszlo Bock은 뉴욕타임스와의 인터뷰에서 학위, 학점, 시험 점수가 채용 기준으로 전혀 쓸모가 없다는 것을 발견했고, 그 결과 대졸 이하의 인력 비율이 점점 높아져서 어떤 팀은 14%에 달한다고 밝혔습니다.[5] 구글의 모든 분야에서 가장 중요하게 보는 능력은 인지능력입니다.

여기서 알아두어야 할 것이 있습니다. 인지 능력cognitive ability은 지능I.Q.이 아니라 학습 능력learning ability입니다. 구글은 학습 능력을 서로 다른 작은 정보를 한데 모아 종합하여 제대로, 제때 일 처리를 할 수 있는 능력으로 보고, 채용후보자의 학습 능력을 평가하기 위한 자체 면접 시스템을 구축하여 깐깐하게 시행하는 것으로 유명합니다. 지식의 내용이 시간 단위로 바뀌고, 양 또한 폭발적으로 증가하는 이 시대에 학습 능력은 가장 중요하다고 볼 수 있습니다. 이제는 불과 1년 전 기술을 거의 안 쓰기도 합니다. 따라서 새로운 것을 빠르게 받아 들이고 익혀야 합니다.

학습 능력 다음으로 보는 능력은 바로 협업 능력입니다. 협업 능력을 중시하다보니 채용 과정에서도 지원자들의 지적 겸손함, 협동심, 리더십에 주목합니다. 구글 채용 담당 부사장인 수닐 찬드라Sunil Chandra 또한 기자간담회에서 "흥미를 갖고 항상 배우려는 자세가 중요하다."고 학습 능력과 태도를 강조하면서 "개개인 능력이 아무리 뛰어나도 다른 사람과 협업하지 못한다면 구글에서 일하기 어려울 것"이라고 했습니다. 자신의 전문 분야일지라도 항상 내가 알고 있는 지식이 틀릴 수 있다고 생각하는 열린 자세가 필요합니다. 고지식하면 다른 사람과 교류하기 어려우며 그만큼 좋은 정보와 새로운 지식을 얻을 기회가 없기 때문입니다.

4차 산업혁명을 이끄는 구글에서 성적이 우수하거나 많은 것을 알고 있는 사람이 아니라 학습 능력을 갖추고 기꺼이 협업하는 인재를 뽑는 이유는 무엇일까요? 바로 창의성 때문입니다. 학습 능력이 창의력과 대체 무슨 관련이 있을까요?

앞으로의 미래사회에서 지식은 단 몇 초의 검색으로 너무 쉽게 얻을 수 있기 때문에 많이 아는 것은 더이상 중요하지 않습니다. 알게 된 지식, 정보들을 어떻게 연결 지어 새로운 아이디어를 만드느냐가 더 중요해진 것입니다. 이게 바로 4차 산업혁명에서 강조하는 '융합형' 인재입니다. 창의력이 뛰어난 아이는 무한하게 성장할 수 있으며, 풍요로운 삶을 삽니다.

창의력은
타고나는 걸까?

고대에는 창의성을 신의 선물이라고 여겼습니다. 플라톤은 문학과 예술의 아홉 여신인 뮤즈가 영감을 줄 때만 시를 쓸 수 있다고 할 정도였으니까요.[6] 하지만 그리스·로마 신화를 보면, 옛날 사람들은 이미 창의성의 근원을 알고 있었다는 생각이 듭니다. 뮤즈는 제우스와 기억의 여신인 므네모시네 사이에서 태어났습니다. 기억은 영감의 어머니입니다.[7] 기억, 즉 지식이 있어야 창의성이 발현됩니다.

'창의성의 대가'로 알려진 피터드러커 경영대학원 심리학과 교수인 칙센트미하이Mihaly Csikszentmihalyi는 여러 분야에서 창의력으로 두각을 나타낸 사람들 91명을 인터뷰하여 창의력이 발현되는 조건과 과정을 연구하였고, "진정으로 창의적인 업적은 갑작스러운 통찰력에 의한 것이 아니라 오랜 노력 끝에 찾아오게 된다."[8]고 결론지었습니다. 실제로 창의적인 생각으로 세상을 바꾼 사람들은 단번에 성공하지 않았습니다. 해당 영역의 지식을 완전히 습득하고, 끊임없이 연구에 몰입했습니다.

아인슈타인은 일반 상대성이론과 특수 상대성이론에 관한 논문으로 물리학에 변혁을 일으켰지만, 그의 248편 논문 대부분은 별다른 호응을 얻지 못했습니다. 셰익스피어는 20여 년에 걸쳐 희곡 37편, 소네트(14행의 서양 시가) 154편을 썼지만, 우리에게 익숙한 작품은 몇 편에 불과합니다. 피카소는 유화 1,800점, 조각 1,200점, 도자기 2,800점, 드로잉 12,000점 등 엄청난 수의 작품을 만들었으나 그중 극소수의 작품만이 찬사를 받았습니다. 모차르트는 600여 곡, 베토벤은 650곡, 바흐는 1000곡 이상을 작곡했습니다.[9] 영감이 중요하다고 생각하는 음악 영역에서도 훌륭한 곡을 작곡하기 위해서는 오랜 기간의 훈련이 필요하다는 연구를 보면, 창의성은 지식과 노력, 몰입의 산물이라는 걸 알 수 있습니다.[10]

아주대학교 총장이자 국제수학연맹 집행위원인 박형주 교수는 그의 책 『배우고 생각하고 연결하고』(해나무, 2018)에서 '교과과정은 생각의 재료'이며, '풍성한 재료가 빠진 단순 토론은 겉만 맴도는 공허한 말장난'이라고 말합니다. 비슷해 보이는 신용카드 사용 패턴을 보고도 사기인지 아닌지를 구별하고, 발암 확률을 정확하게 계산해내는 소프트웨어를 개발한 미국의 스타트업 기업 아야스디의 '마술 같은 무기'는 위상 수학이라는 순수수학 이론에서 나온 것임을 강조합니다. 이토록 통찰력과 창의성은 탄탄한 기초 지식이 있어야 생겨나는 겁니다.

창의성의 발현 요건인 지식과 노력, 몰입은 학습 능력과도 큰 관계가 있습니다. 초, 분 단위로 방대한 양의 지식이 쏟아지는 지금, 어제의 지식에 고착해 있는 사람은 창의성을 발휘하지 못할 가능성이 큽니다. 효과적이고 자기주도적으로 새로운 것을 끊임없이 배우는 학습 태도와 학습 능력이 필요하고, 그래서 4차 산업 혁명을 주도하는 기업에서는 타고난 머리나 재주가 아니라 학습 능력을 더 중요하게 보는 것입니다.

대한민국 아이들의 학습 능력은 전세계에서도 최상위권에 속합니다. 경제협력개발기구OECD에서는 2000년부터 3년 주기로 만 15세 학생들을 대상으로 실시하는 국제 학업성취도 비교 연구를 위해 국제학업성취도평가PISA라는 시험을 주관하고, 결과를 발표합니다. 시험 영역은 읽기, 수학, 과학입니다. 만 15세 학생이니 우리나라는 중학교 3학년과 고등학교 1학년 학생들이 해당하겠습니다. 과도한 경쟁을 막기 위해 PISA 결과는 등수가 아니라 급간을 발표하는데, 가장 최근에 있었던 2018년 PISA 결과, 우리나라는 OECD 회원국 기준으로 읽기는 2~7위, 수학은 1~4위, 과학은 3~5위를 차지했습니다.[11] 분명 우수한 성적표입니다. 그러나 노벨상을 휩쓸고, 거의 모든 분야에서 두각을 나타내는 유대인에게는 있고, 우리 아이들에게는 없는 한 가지가 있습니다. 그것은 바로 '질문'입니다.

창의력이 중요시되는 세상이라고 하니, 적지 않은 부모님들이 아이들에게 창의성에 도움 되는 교육을 많이 합니다. 하지만 놀라운 사실은 그런 교육이 창의력에 거의 도움이 되지 않는다는 것입니다. 창의력은 고민하는 것 그 자체입니다. 즉, 질문을 품고 오래도록 고민해야 하는 것이지요. 끈기 있게 질문에 꼬리를 물고 늘어지면서 그 해결책을 찾아 끊임없이 탐구하는 과정에서 창의성이 발현됩니다. 창의력은 의지와 열정의 뒷받침 없이는 발현되지 않습니다. 의지와 열정 또한 질문에서 나옵니다. 창의성은 타고나는 것이 아닙니다. 탄탄한 기초 지식에 뿌리를 둔 질문이 창의성을 열매 맺게 합니다.

질문이
세상을 바꾼다

  인류 문명의 역사를 바꾼 위대한 발견은 질문에서 시작했습니다. "왜 사과는 아래로만 떨어질까?"라는 질문은 만유인력을 발견하게 했고, "지구를 도는 인공위성의 위치를 알아낸 것처럼, 인공위성의 위치를 알면 지상의 어떤 위치를 알아낼 수 있을까?"의 문제를 푸는 과정에서 GPS가 발명됐습니다. 데이비드 길보아가 태국 여행 중 안경을 잃어버린 후 품은 "안경 값은 왜 비쌀까?"라는 의문은 애플과 구글을 제치고 세계에서 가장 혁신적인 기업 1위로 선정된 안경유통회사 와비파커War-byParker를 탄생시켰습니다.

"(독창성의) 출발점은 호기심이다. 호기심은 왜 애초에 현재 상태가 존재하게 되었는지 의문을 품는 행위이다." – 애덤 그랜트(와튼스쿨 조직심리학과 최연소 종신교수)[12]

"창의성은 모두가 당연하다고 여기는 것에 도전할 때 발현된다. '왜 당연하다고 생각해야 하지?'하고 말이다." – 수잔 그린필드(前 영국 왕립 연구소 소장, 現 옥스퍼드 링컨 칼리지 선임 연구원)[13]

"AI와의 전쟁에서 살아남으려면 결국 AI에게 일을 시킬, 아무도 생각해 보지 않은 질문이 필요하다. 게임 체인저가 될 수 있는 창의적 질문을 찾아야 한다." – 김창경(한양대학교 과학기술정책학과 교수)[14]

질문은 창의성의 출발점입니다. 심리학 교수, 뇌과학자, 기술정책학 교수 등 각 분야의 권위자는 '질문은 창의성의 출발'이라고 말합니다. 창의성에서 질문이 중요한 이유는 무엇일까요? 질문의 중요성은 칙센트미하이와 제이콥 게첼스Jacob Getzels가 시카고대학교 미술전공 4학년 31명을 대상으로 한 실험에서 확인할 수 있습니다.[15]

연구자는 미술 전공 학생들에게 탁자 위에 놓여 있는 다양한 물체를 자유롭게 배치하여 정물화를 그리게 했습니다. 한 그룹은 물체를 골라 바로 그림을 그리기 시작했고, 다른 그룹은 탁자 위에 있던 물체들을 관찰하고, 다양하게 배치하는 과정을 거쳐 그림을 그렸습니다. 칙센트미하이는 이 학생들이 그린 그림으로 작은 전시회를 열고, 실험인지 전혀 알지 못하는 미술 전문가에게 심사를 의뢰하였습니다.

그 결과 그림을 잘 그리는 데만 열중한 첫 번째 그룹보다 "어떤 그림을 그릴까?"라는 질문을 품고 고민했던 두 번째 그룹의 작품이 더 창의적이고 작품성도 좋다는 평을 받았습니다. 졸업 후 미술 분야에서 성공한 학생들은 대부분 그림을 잘 그리는 데 열중했던 '문제해결자'보다 어떤 그림을 그려야 할지 고민했던 '문제발견자'였습니다. 게첼스는 "창의적인 사람들의 차이점은 많은 지식과 기술, 우수한 기교가 아니라 문제를 발견하고 만들어내는 데에 있다."고 결론 내렸습니다.

1996년 노벨화학상 수상자인 해럴드 크로토 미국 플로리다주립대 석좌교수는 한 인터뷰에서 "질문의 힘이 자녀를 창의적 융합인재로 키운다."고 했습니다. 문제를 해결하는 과정에서 끊임없이 질문을 던지고 답을 하는 과정을 경험해야 아이들이 지식을 일방적으로 받아들이지 않고 스스로 생각하는 힘을 기를 수 있기 때문입니다.[16]

질문은 세상을 바꾸고 이끕니다. 질문 잘하는 유대인이 4차 산업혁명을 이끌고 있습니다. 유대인의 전통 학습 방식은 서로 짝을 지어 질문과 대화를 통해 토론하고 논쟁하는 '하브루타'입니다. 유대인은 학교는 물론 가정에서도 질문과 토론이 일상입니다. 이스라엘의 학교에서는 질문이 없는 학생은 아예 아무것도 모르거나 학습 의욕이 없다고 보고, 선생님이 따로 상담할 정도니까요.[17] 이렇게 질문과 토론이 일상인 유대인은 전 세계 인구의 0.2%로, 미국 인구의 2.2%에 불과하지만, 노벨상 수상자의 23%, 아이비리그 대학 졸업생의 30%를 차지합니다.

정치사상가 칼 마르크스, 물리학자 알베르트 아인슈타인, 정신분석자 지그문트 프로이트, 페이스북 창업자 마크 저커버그, 공동 구글 창업자 래리 페이지와 세르게이 브린, 전 연방준비제도 이사회의장 벤 버냉키, 영화감독 스티븐 스필버그, 금융투자가 조지 소르소 모두 유대인입니다.[18] 각 분야에서 창의적인 업적을 남긴 유대인 몇 명만 봐도 질문의 힘을 실감할 수 있습니다.

소리 없는 교실,
조용한 강의실

우리나라는 어떨까요? 2010년 G20 서울 정상회의 후에 오바마 미국 대통령이 개최국인 한국 기자들에게만 질문 기회를 줬을 때 흐르던 정적은 질문하지 못하는 우리의 모습을 고스란히 보여줍니다. 결국 우리나라 기자는 질문을 하지 못했습니다.

이스라엘 텔아비브대 스타타우StarTAU 창업국제프로그램 책임자는 한국 학생에 관해 이렇게 말합니다.

"한국 연수생들은 배우고 창업하려는 의지가 매우 강하다. 연수도 잘 소화한다. 다만 질문이 별로 없고, 새롭게 생각하는 능력이 떨어진다. 창업 과정에서 문제가 생기면 이스라엘 학생들은 다른 방법들을 모색하는데, 한국 학생들은 멘토가 답을 주기를 기다린다."[19]

원래부터 우리나라 사람들은 질문을 못 하는 걸까요? 질문이 넘쳐나는 초등학교 1학년 교실을 보면, 원래 우리가 질문하지 못하는 사람이 아니라는 걸 알 수 있습니다. 초등학교 1학년 아이들의 세상은 온통 궁금한 것 천집니다. "밥 언제 먹어요?", "지금 몇 시예요?" 등 단순한 질문이 많긴 하지만, 1학년 아이들은 손을 번쩍번쩍 들고 질문도, 발표도 잘합니다. 1학년 담임은 아이들의 질문에 답하다 지치기 일쑤입니다. 아이들의 생각을 자극하는 주제 하나만 툭 던져도 "해가 구름에 가렸는데 왜 밝아요?", "왜 자꾸 목이 말라요?" 등 어른은 생각하기 어려운 질문이 마구 쏟아집니다. 아이들의 질문에 꼬리를 물고 질문을 거듭하면 훌륭한 학습으로 이어집니다.

온종일 질문하고 떠들던 아이들이 학년이 올라가면서 입을 다뭅니다. 초등학교 1학년 교실과는 달리 6학년 교실은 고등학교 학창 시절을 떠오르게 합니다. 출석번호와 날짜가 겹치는 날이면 아침부터 걱정했던 기억이 있지 않나요? 선생님들이 내 출석번호를 부르고 질문할까 봐 말입니다. 안타깝게도 제가 다니던 고등학교의 수업 시간의 모습이나, 지금이나 별다른 바가 없는 풍경입니다. 교수법에 대한 인식과 방법의 전환이 지속되고 있지만 '소리 없는 교실'이 훨씬 많은 것이 현실입니다. 왜 이런 현상이 반복되는 것일까요?

아이들은 네모난 교실에 앉아 네모난 섬 같은 각자의 책상에서 질문할 여유도, 생각도 없이 교과서와 문제집 속 모범 답안을 머릿속에 집어넣고 또 집어넣습니다. 서로 손을 들고 발표하려고 했던 아이들이 불과 몇 년 만에 질문도, 대답도 하지 않게 되는 이유는 무엇일까요? 학년이 올라갈수록 수업은 궁금증을 해결하는 과정이 아니라 답을 찾아가는 과정으로 변합니다.

강원국 작가는 우리나라를 '질문하면 위험한 사회'라고 말합니다, 또한 우리나라 사람들이 질문하지 않는 이유가 질문하기에 위험한 분위기 속에 살고 있기 때문이라고 했습니다. 가만히 있으면 중간이라도 가는데, 질문을 하면 모른다는 걸 들킬 수도, 질문받는 사람이 귀찮거나 난처할 수도, 대드는 것으로 오해할 수도 있으니까요.[20]

학창 시절을 떠올려 보면, 어떤 말들을 가장 많이 들었나요? 제일 많이 들었던 말은 단연 "조용히 하자.", "집중해라.", "진도 나가자." 등이었습니다. 대부분 통제와 규칙에 대한 교사의 말이 교실에 울릴 뿐입니다. 한 인터뷰에서 수업에서 궁금한 내용이 있으면 어떻게 해결하냐는 기자의 질문에 학생은 "궁금한 게 안 생긴다."고 답했다고 합니다. 수업시간에 교재를 읽게 하거나 문제를 푸는 것만 시키니 궁금한 게 생기질 않는다면서요.

질문이 필요 없는 수업에 익숙해진 까닭에 질문에 대한 학생들의 생각은 더 견고해집니다. 다 같이 질문하지 않는 분위기이니 자신에게 시선이 집중되는 게 부담스럽고, 질문이 수업 방해가 되지 않을까 걱정되어 질문을 꺼립니다. 답이 정해져 있어 조금이라도 벗어나면 비난이

돌아오니, 아이의 입장에서는 말문을 닫는 게 편합니다. 틀렸다고 듣는 순간 너무 창피해지고 작아지는 게 두렵기도 하고요. 아이들은 커가면서 시험만 잘 보면 된다고 생각합니다. '모'로 가도 정답만 맞추면 그만이니 궁금증은 사치이며, 모르면 그냥 외웁니다. 발표나 토론하는 시간이 아깝다고 생각합니다.

질문을 꺼리는 분위기는 아이들의 관심과 흥미를 시들게 합니다. 이런 아이들은 어른이 되어서도 조용한 강의실을 만듭니다. 강의가 끝날 시간만 기다리며 시계만 보면서 말이지요. 이는 국가적인 발전에서도 손실입니다. 이화여대 에코과학부 최재천 석좌교수는 우리나라를 '스티브 잡스가 새로운 세상을 열어젖히면, 삼성과 LG가 밤잠을 줄여가며 열심히 숙제하는' 빠른 추격자로 묘사했습니다. 우리나라가 세계 10위권의 경제 대국이지만, '선도자first mover' 역할을 하지 못하고 그저 '빠른 추격자fast follower' 역할만 하는 사실을 안타까워하면서 선진국 문턱을 넘기 위해서는 '질문하는 자'가 되어야 한다고 말합니다.

그렇다면, 질문하는 사회로 만들려면 어떻게 해야 할까요? 지금 당장 한꺼번에 전반적인 사회 분위기를 '질문을 권장하는 사회'로 바꿀 수는 없습니다. 세상을 바꾸어 왔고, 지금도 세상을 움직이는 유대인의 질문이 부모와의 대화에서 시작한 것처럼, 아이들이 가장 오랫동안 머물고, 가장 큰 영향을 받는 부모님부터 질문에 익숙해지는 것이 필요합니다. 정답보다는 질문을 찾고, 엉뚱한 물음에도 함께 답을 찾아보는 부모의 모습은 아이를 질문하게 만들 수 있습니다.

교실은 솔직하고 자유롭게 이야기할 수 있는 분위기로 만들어야 합니다. 교실은 아이들의 경험이 살아 숨 쉬고, 다양한 사고가 뛰어노는 운동장이 되어야 합니다. 그러나 질문하는 분위기가 곧바로 창의성을 자극하는 질문으로 이어지지 않습니다. 질문의 중요성을 느끼고, 아이들과 질문 수업을 시작하기로 마음먹고 몇 주가 지난 어느 날이었습니다. 교과서 지문을 읽고, 이날도 아이들에게 자유롭게 질문을 만들어 보라고 했습니다. 엉뚱한 질문에도 호응하고, 다 같이 진지하게 토의도 해보았습니다. 그러나 책 안 속에서 계속 맴도는 질문만 계속됐습니다. 시험지 속 질문에 익숙한 아이들은 문제집에서 만날 법한 질문만 이어갔습니다.

질문을 잘하려면 어떻게 해야 할까요? 하버드 교육대학원 학장인 제임스 라이언James Ryan이 졸업생에게 한 첫 번째 조언은 "좋은 질문을 하는 기술을 익혀라."입니다. '좋은 질문Good Questions'이라는 졸업 축사 동영상은 폭발적인 조회수를 기록하며 『하버드 마지막 강의』(제임스 라이언, 비즈니스북스, 2017)라는 책으로 출간됐습니다.

저자는 책의 서문에서 좋은 질문을 '모르는 것, 깨닫지 못한 것, 미처 생각지 못한 것으로 향하는 문을 열어주는 열쇠'라고 하면서 "열쇠를 자유자재로 쓸 수 있도록 습관을 들인다면 당신은 지금보다 훨씬 행복하고 성공적인 인생을 살게 될 거라 확신한다."라고 단언합니다. 질문을 잘하는 사람이 되려면 질문하는 기술을 익히고, 질문하는 습관을 들이면 됩니다. 저는 아하, 하고 무릎을 쳤습니다. 글쓰기를 잘하려면 좋은 글을 많이 읽고, 글을 써야 하듯, 질문을 잘하려면 좋은 질문을 많이 듣고 질문해야 합니다.

2장

생각을 자극하는
3가지 질문 습관

하루 한 번,
질문하는 습관을 들여라

좋은 질문 많이 보고, 많이 답해보기

20년 동안 아이들에게 글쓰기를 가르치면서 가장 효과적인 글쓰기 지도 방법은 좋은 예문을 많이 읽어주는 것임을 깨달았습니다. 일기 쓰기를 지도하면서 아무리 쉽게 설명해도 아이들은 어떻게 일기를 써야 할지 어려워했습니다. 그러나 또래 아이들이 쓴 좋은 일기 몇 개를 읽어주니 아이들은 재미있게 듣고, 어렵지 않게 일기를 썼습니다. 연세대학교 정희모 교수가 『글쓰기의 전략』에서 "예문을 통해 필자들이 어떠한 생각의 흐름으로 어떤 과정을 거쳐 한 편의 글을 썼는지 배울 수 있다.

읽기를 통해서 쓰기를 학습하는 것이다."[1]라고 말한 바와 같이 예시는 힘이 있습니다.

질문도 마찬가지입니다. 질문을 잘하려면 좋은 질문을 다양하게 보고, 답해보아야 합니다. 평소 무심코 지나쳤던 일에 관해 질문을 해보면 '아, 이렇게도 질문을 할 수 있구나.', '이렇게 생각할 수도 있구나.'하고 주변을 보는 시각이 달라질 수 있습니다.

초등학교 1학년 1학기 수학에는 주변에서 볼 수 있는 도형을 관찰하는 단원이 있습니다. 이 단원의 구성을 보고, 저는 아이들에게 질문하는 방법을 알려줄 수 있는 절호의 기회라고 생각했습니다. 교육과정은 아이의 삶과 학문을 잇기 위한 노력의 요체입니다. 특히 초등학교 저학년 도형 단원은 아이들이 직관적으로 우리의 생활 안에서 수학을 찾을 수 있는 단원입니다. 평소에는 무심코 지나쳤던 주변 사물에 "왜?", "만약에…?"라는 질문을 하기 시작하면 수학이 나의 삶으로 훅 들어옵니다. 수학 시간에 아이들과 교과서를 함께 살펴보고, 주변의 도형을 찾아보면서 질문을 던졌습니다.

"바퀴가 네모 모양이라면?"

"탄산음료 용기는 왜 둥근 기둥 모양일까?"

"우유갑은 왜 사각기둥 모양이지?"

그러자 아이들은 "엇! 그러게요!", "왜 그렇지?" 하며 어리둥절한 표정을 지었습니다. 아이들은 질문에 관한 답을 진지하게 찾기 시작했고, 답을 알아내자 뿌듯한 표정을 감추지 못했습니다. 질문하고, 답하는 과정의 즐거움을 알게 된 아이들은 저도 평소 생각하지도 못한 질문을 마구 쏟아냈습니다.

"바퀴 모양이 변신하면 차가 계단도 다닐 수 있겠죠?"

"A4용지는 왜 이름이 A4예요?"

"cm는 누가 정했어요?"

몇 주 동안 비슷한 질문과 답만 이어갔던 질문 교실이 이제야 열리는 느낌이 들었습니다. 아이들의 생각을 자극하는 질문은 또 다른 멋진 질문을 만들어냈습니다. 어른도 자기가 잘 모르고, 관심 없는 분야에 관해서는 질문하기 어렵습니다. 뭘 알아야 질문할 수 있습니다. 알고 싶은 마음이 들어야 질문거리가 생각납니다. 좋은 질문이 무엇인지, 답을 찾기 위한 노력은 어떻게 하는지, 질문이 어떻게 삶을 바꾸는지를 체험하면 질문을 계속합니다. 아이들은 자신이 모르는 것이 정확히 무엇인지, 알고 싶은 것이 무엇인지 아는 순간부터 묻기 시작했습니다. 질문해도 안전하다는 확신이 들어야 비로소 질문을 시작했습니다. 정답을 몰라도 질문을 할 수 있고, 그 답을 찾아낼 수 있다는 확신이 있는 공부가 진짜 자기 주도 학습입니다. 질문은 진짜 공부, 진짜 삶의 주인이 되는 방법입니다.

질문도 연습이 필요하다

어쩌다 한 번 몸에 좋은 음식을 챙겨 먹는다고 건강해지지 않습니다. 날마다 신경 써서 건강한 식단을 챙기는 일과가 더는 짐스럽지 않고 당연하게 여겨져야 식습관이 달라졌다고 말할 수 있습니다. 질문하는 습관도 식습관과 같습니다. 어쩌다 한 번씩 질문하고 답을 찾는 걸로는 질문을 잘하기 어렵습니다. 날마다 좋은 질문을 듣고, 생각하는 일을 반복해서 저절로 질문이 떠올라야 질문이 습관이 됩니다. 자꾸 좋은 질문을 들어야 좋은 질문을 할 수 있고, 좋은 질문이 계속되면 삶이 달라집니다. 질문하는 아이는 질문의 답을 스스로 찾기 위해 집중하고, 다른 사람에게 휩쓸리지 않으니까요.

그래서 아이들이 많은 시간을 보내는 집과 학교에 질문이 넘쳐나야 합니다. 유대인 부모가 밥 먹을 때도, 아이와 짧은 일상의 대화를 할 때도 날마다 '너의 생각은 어때?', '왜 그런 일이 일어난 것 같아?', '어떻게 하면 된다고 생각하니?'하고 끊임없이 묻는 것처럼 습관적으로 질문해야 합니다. 하지만 부모와 교사도 질문이 쉽게 떠오르지 않습니다. 우리도 질문에 익숙한 세대가 아닌 탓입니다. 조용히 시키는 대로 공부하고 일해야 인정받는 사회 분위기에서 자라난 우리 세대야말로 질문이 정말 어렵습니다. 아이에게 질문하라고 하기 전에 부모부터 질문하는 습관을 들여서 아이에게 질문해야 합니다. 아이들은 부모의 말이 아니라 행동을 따라 하는 존재니까요. 처음부터 좋은 질문을 하기는 어렵습니다.

질문이 어색한 제가 질문 습관을 들이기 위해 하루 한 번이라도 사용하려고 노력한 질문을 소개합니다. 질문이 어려운 부모님과 선생님께 조금이나마 도움이 됐으면 좋겠습니다.

"응? 뭐라고?"
메아리 질문으로 되돌려주기

모르는 내용을 만나면 짚고 넘어가야 바르게 이해한다

아이가 하는 말을 흘려들으면서 건성으로 "응.", "그랬구나." 하고 답하다가 아이에게 "뭐라고?" 하고 되물은 기억이 있나요? 저도 이런저런 집안일로 바빠서 아이의 말을 대강 듣다가 아이가 중요한 말을 할 때는 "응? 뭐라고?" 하고 묻습니다. 내일 학교 준비물을 뭘 가져가야 한다던가, 누구랑 싸웠다던가, 넘어져서 다쳤다는 이야기는 다시 잘 들어야 하니까요. 이렇듯 메아리 질문은 한 번의 대답으로 끝나는 것이 아니라 질문을 동시에 던져야 합니다.

"잠깐만요, 뭐라고요? Wait, what?"

이 질문은 제임스 라이언의 저서 『하버드 마지막 강의』(비즈니스북스, 2017)에서 인생의 답을 찾아주는 다섯 개의 열쇠 중 첫 번째로 꼽힙니다. '이해하는 것이 모든 일의 시작'이기 때문입니다. 정확하게 이해해야 바르게 판단할 수 있습니다. 잘 모르는 내용을 만나면 스스로 '잠깐, 뭐라고?' 하며 멈춰서 개념을 정확하게 짚고 넘어가야 빈틈이 없습니다. 그냥 안다고 착각하고 넘어가면 허술한 기초 때문에 언젠가는 와르르 무너집니다.

아이와 함께 책을 읽으면서 되묻는 방법을 알려주면, 아이가 나중에 혼자 책을 읽을 때도 스스로 질문할 수 있게 됩니다. 저는 생각하며 글을 읽는 방법을 알려주고 싶어서 학생들과 함께 교과서를 소리 내어 읽으며 "잠깐!" 하며 되묻습니다. 아이들은 "아휴~ 선생님 또 시작이다." 하면서 탄식을 할 때도 있지만, 아이들은 저의 질문에 답하고, 또 새로운 질문을 만들어내기도 하면서 학습의 깊이가 깊어집니다.

> 공기는 지표면에서 하늘로 올라가면서 부피가 점점 커지고, 온도는 점점 낮아집니다. 이때 공기 중 수증기가 응결해 물방울이 되거나 얼음 알갱이 상태로 변해 하늘에 떠 있는 것을 구름이라고 합니다.
>
> – 초등학교 과학 5학년 2학기, 3. 날씨와 우리 생활, 55쪽

학생	공기는 지표면에서 하늘로 올라가면서 부피가 점점 커지고, 온도는 점점 낮아집니다.
선생님	잠깐, 공기의 부피가 점점 커지고, 온도는 점점 낮아진다고?
학생	네. 공기는 하늘로 올라가면서 부피는 커지고, 온도는 낮아진대요.
선생님	왜 부피는 커지고 온도는 낮아지지?
학생	하늘로 올라가면 공기가 별로 없으니까 공기의 부피가 커지죠.
선생님	하늘로 올라가면 공기가 별로 없어?
학생	네, 그러니까 높은 산에 올라가는 사람들이 산소통을 갖고 가잖아요.
선생님	아, 그렇구나. 하늘로 올라가면서 기압이 낮아지니까 부피는 커지는구나. 그럼 온도는 왜 점점 낮아지지?
학생	어… 온도는…?
선생님	아까 너희들이 말한 에베레스트처럼 높은 산에 오르는 사람의 옷차림은 어때?
학생	완전히 꽁꽁 싸매고 올라가죠. 정말 추우니까.
선생님	그러니까 하늘로 올라갈수록 온도가 낮아진다는 얘기지?
학생	네. 온도가 낮아지는 이유는….

5학년 과학 교과서에서는 구름이 생성되는 원리를 간단하게 설명합니다. 하지만 학생들과 질문 수업을 하면서 교과서에 있는 세 줄의 글에서 단열팽창과 단열압축, 에너지 보존법칙에 관한 개념을 읽어냈습니다. 저는 선행 학습을 위해 질문을 하지 않았습니다. '나는 알아.'하고 그

냥 넘어가지 않고, '내가 진짜 아는 내용인가?', '잠깐, 뭐라고?'하고 질문을 던져야 의미 있는 공부를 할 수 있다는 걸 알려주고 싶어서 계속 되묻습니다. 되묻기는 자기가 알고 있는 것을 점검하고, 모르는 것을 파악하는 시작점이 됩니다.

"응? 뭐라고?"라는 질문은 좋은 관계를 맺게 한다

되묻기는 대인 관계에서도 빛을 발합니다. 다른 사람과 좋은 관계를 맺는 첫 단추는 그 사람의 말을 잘 듣는 것입니다. 그리고 잘 듣는 방법의 하나는 그 사람이 한 말을 되돌려 주는 겁니다. 되묻기를 잘하느냐, 하지 못하느냐에 따라 상대와 나의 관계가 발전할 수도, 발전하지 못할 수도 있습니다.

나	우리 ○○가 성적이 잘 안 나와서 걱정이야.
친구1	응.
친구2	성적이 안 올라?
나	우리 애가 공부에 집중을 못 하는 것 같아.
친구1	…….
친구2	네 생각엔 ○○가 집중을 잘 못해서 성적이 안 오르는 것 같구나?

비언어적 요소나 평소 친구들과의 관계를 배제하고, 말만 살펴보면 어떤 친구에게 더 호감이 갈까요? '나'는 누가 자기의 말을 경청하고 존중한다고 느낄까요? 나중에 친구 둘이 '나'에게 조언을 할 때, 누구의 말을 더 신뢰하게 될까요? 짧은 답이나 무응답으로 일관하는 친구1보다는 내가 한 말의 의미를 정확히 알기 위해 질문하는 친구2의 의견을 더 믿고 싶을 겁니다. 내 상황을 잘 이해했는지 확신할 수 없는 사람의 조언은 듣고 싶지 않습니다. 내 말을 잘 들어주는 사람에게 호감이 갑니다.

잘 듣는 것이 대인 관계의 첫 시작입니다. 대기업 CEO들이 코로나 시대 리더십 중 하나로 '경청'을 꼽을 정도로 잘 듣는 자세는 태도를 넘어 중요한 능력이 됐습니다.[2] '되묻기'는 '내가 당신의 말을 잘 듣고 있다.'라는 걸 적극적으로 표현하는 방법이자, 상대의 의중을 정확히 파악할 수 있는 기술입니다.

되묻기는 관심을 표현하는 가장 쉬운 방법입니다. 상대의 말을 똑같이 따라 말하고, 뒤에 물음표만 붙이면 됩니다. 아이가 "엄마, 나 배고파."라고 말할 때, "배고파?"하고 묻는 거죠. 그럼 아이는 엄마가 자신의 말을 잘 듣고 있을 뿐 아니라 자기의 감정을 존중한다고 느끼게 됩니다. 물론 억양이나 표정이 중요합니다. 무성의하게 되물으면 오히려 '왜 내 말을 한 번에 못 알아듣고 물어보지? 내 말에 귀를 안 기울이나?' 하는 오해를 받을 수 있습니다. 눈을 맞추고, 따뜻한 눈빛으로 말하는 것이 중요합니다. 되묻기는 말한 사람의 말을 메아리로 들려주어, 공감의 메시지를 전달하는 따뜻한 질문입니다.

되묻기는 상대방이 한 말에 물음표만 붙이는 간단한 질문이지만, 대인 관계에서도, 공부에서도 큰 힘을 발휘합니다. 상대방이 한 말을 이해하지 못했을 때, "○○○라는 뜻인가요?"하고 공손히 질문하는 태도와 용기를, 혼자 공부하면서 '잠깐, 무슨 내용이지?'하고 깊이 생각하는 습관을 지닐 수 있게 도와주세요.

"왜?" 주인공으로서
마음과 세상을 움직이기

배우는 이유를 알아야 학습 동기가 생긴다

5학년 아이들과 '물의 상태 변화'를 주제로 영재 수업을 했을 때였습니다. 첫 수업을 시작하면서 칠판에 '물의 상태 변화를 알아봅시다.'라고 학습 목표를 쓰고, 물의 상태 변화가 무엇인지 묻자 여기저기서 답이 쏟아졌습니다. 과학에 관심 있는 학생이 모여 있는 반이라 그런지 수준 높은 답이 많이 나왔습니다. 아이들의 답을 다 듣고 나서, "물의 상태 변화를 왜 배워야 할까?"하고 물었습니다. 과학 지식을 물을 때와는 달리 적막이 흘렀습니다.

배워야 하는 이유를 답하지 못한 건 첫 번째 반 아이들만이 아니었습니다. 다른 반 아이들도 "이건 왜 배울까?"하고 물으면 어김없이 멍한 표정을 지었습니다. 저는 물 부족으로 고통을 겪는 사람들의 모습이 담긴 영상을 보여주며, 물의 상태 변화를 배워야 하는 이유를 생각해보라고 했습니다. 선생님이 제시한 영상이 최선의 답은 아니며, 정답 또한 없다고 했습니다. 고심하던 끝에 어떤 아이가 한 말이 기억에 남습니다.

"저는 과학이 좋아요. 그래서 그냥 알고 싶어요."

이 또한 훌륭한 답입니다.

첫 수업 이후 "○○○를 배워야 하는 이유는?"이라는 질문으로 수업을 시작했습니다. 시간에 쫓겨 "이번 시간엔 ○○○를 배울 겁니다. 책 펴세요."하고 시작한 수업과 "○○○를 왜 배워야 할까?"하고 시작한 수업은 아이들의 눈빛부터 다릅니다. 질문을 해결하기 위해 공부하는 아이는 학습의 깊이도, 결과도 다릅니다.

선생님	오늘 수업 주제가 뭘까?
학생1	혼합물의 분리요.
학생2	선생님, 혼합물의 분리를 왜 배우느냐고 물어볼 거죠?
선생님	어떻게 알았지? 하하하!
학생3	그럴 줄 알았어요.
선생님	그럴 줄 알고 준비해온 ○○가 한번 말해볼래?
	너는 혼합물의 분리를 왜 배워야 한다고 생각하니?

학생3   이 세상엔 혼합물로 넘쳐나니까 알아야죠. 제가 좋아하는 라면도 혼합물이거든요.

선생님   정말 훌륭한 생각이야. 라면 봉지를 보면 어떤 원료가 혼합되어 있는지 쓰여 있어. 라면 종류가 정말 많은데, 저마다 다 맛이 달라. 똑같은 원료를 사용했더라도 비율에 따라서 맛이 달라지고, 어느 시점에서 어떻게 원료를 넣었는지도 맛을 좌우하지. 혼합물의 분리를 배워야 하는 또 다른 이유를 생각한 사람 있을까?

학생1   과학 잡지에서 증거물을 정밀 분석하는 데 혼합물의 분리 방법을 쓴다는 걸 봤어요. 혼합물의 분리를 응용해서 혈액형, 약물과 마약 복용 여부를 알 수 있대요. 저는 법의학자가 꿈이거든요.

선생님   오, 멋지다. 선생님도 추리소설을 좋아하는데, 너도 그렇겠네?

학생1   네. 당연하죠. 추리소설만큼 재미있는 책도 없죠.

학생2   우리 엄마랑 저는 아프리카 소년과 결연을 하면서 아프리카에 관심을 두게 됐어요. 물이 부족해서 더러운 물을 마실 수밖에 없는 아이들에게 '라이프 스트로우'라는 빨대가 정말 생명을 주는 빨대라는 걸 알았어요. 병균, 기생충, 박테리아까지 걸러주는 빨대에 사용한 기술도 혼합물의 분리와 관계가 있죠?

선생님   정말 그렇네. '라이프 스트로우'는 선생님도 몰랐는데, 좋은 정보 고마워. 요즘 심각한 미세플라스틱 문제도 어찌 보면 미세플라스틱이 환경과 혼합되어 생기는 문제지. 그래서 플라스틱 사용을 줄이는 한편, 어떻게 하면 미세플라스틱을 분리하거나 없앨 수 있는지 연구하면 좋겠지?

학생3	다 멋진 이유인데, 저는 맛있는 것만 생각해서 부끄러워요.
선생님	무슨 말이야. 맛있는 음식이 우리에게 얼마나 즐거움을 주는데! 선생님은 ○○가 라면처럼 맛있으면서도 몸에도 좋은 혼합물을 만들어내길 기대하겠어!

    질문에 익숙해진 아이들은 "혼합물을 분리하는 이유는 뭐지?", "우리 주변에 혼합물은 뭐가 있지?", "우리가 배운 혼합물의 분리 방법으로 어떻게 생활 속 문제를 해결할 수 있지?"하고 물었습니다. 20명의 아이가 똑같이 '혼합물의 분리'를 배웠는데, 어떤 아이는 음식에서, 추리소설에 한참 빠져 있던 아이는 범죄 해결에서, 환경 운동가가 꿈인 아이는 환경 분야에서 배운 내용을 활용할 방법을 찾아냈습니다. "왜 배우지?"를 스스로 묻고 답하는 아이는 학습의 방관자가 되지 않습니다. "왜?"라는 질문에 답을 찾는 일은 학습 동기를 찾는 과정이기 때문입니다. 학습 동기는 학습 몰입으로 이어지고, 학습 결과와 만족도까지 영향을 미칩니다.[3]

"왜?"라는 질문은 사람의 마음을 움직인다

    포브스 위원회Forbes Council 위원인 코리 포이리어Corey Poirier는 4,000명이 넘는 리더를 만나 면담하였고, 공통점을 발견하였습니다.

"왜?"를 명확히 알고 그에 따라 행동하는 것이었습니다.[4] 일을 해야 할 이유를 명확히 알면 방향을 잃지 않습니다.

"결정은 이성을 담당하는 대뇌가 아니라 감정을 느끼는 변연계가 내립니다. 사람들은 당신이 하는 일what을 사지 않습니다. 당신이 그 일을 하는 이유why를 삽니다."[5]

미국의 대표적인 싱크탱크로 알려진 랜드RAND연구소 연구원이자 『나는 왜 이 일을 하는가?Start with Why』(타임비즈, 2013)의 저자인 사이먼 사이넥Simon Sinek은 사람들이 애플에 열광하는 원인을 애플의 신념에 공감하기 때문이라고 밝힙니다.

애플이 수많은 다른 컴퓨터 회사와 다른 이유는 '우리는 다르게 생각한다', 즉 '왜 이런 제품을 만드는가?'를 명확히 알리는 의사소통 방식에 있다고 했습니다. '다르게 생각한다.', '더 뺄 것이 없는 디자인이 가장 아름답다.'는 신념은 애플이 일관되게 혁신적인 제품을 내놓는 원동력입니다. 애플Apple이 컴퓨터 회사를 뛰어넘어 혁신의 상징이 된 원동력은 '왜?'로부터 시작하는 사고의 흐름에 있습니다.

"왜?"라는 질문은 생각뿐 아니라 사람의 마음을 움직이는 힘이 있습니다. 애플을 좋아하는 사람들은 애플의 제품이 무엇인지what는 크게 신경 쓰지 않습니다. 신제품 출시 며칠 전부터 줄을 서서 삽니다. 며칠만 지나면 온라인 쇼핑으로 편하게 받아볼 수 있는데, 며칠 밤낮을 노숙하며 신제품을 기다리는 행동은 이성적으로는 이해하기 어렵습니다.

성공하는 기업은 신념을 고객에게 팝니다. '자동차 업계의 애플'이라는 별명을 가진 회사가 있습니다. '지속 가능한 에너지로의 전환'이라는 신념을 내세운 테슬라입니다. 2003년에 생겨난 테슬라는 백 년이 넘는 역사, 수백 배가 넘는 자동차 판매 대수를 자랑하는 자동차 회사들을 제치고 2020년 6월 기준, 자동차 업계 주가 총액 2위에 오르는 기염을 토했습니다. 이제 테슬라는 팬슈머Fan-sumer(팬Fan과 소비자Consumer를 합성한 신조어) 층이 두터운 전기 자동차의 대명사가 되었습니다.

'지속 가능한 에너지로의 전환'을 위해 테슬라는 보유한 특허를 모두 공개했습니다. 특허를 공개해서 얻는 이익을 계산했을 거라는 지적도 있으나, '왜?'를 앞세우지 않고는 내리기 어려운 결정입니다. 테슬라를 사는 사람들은 잔고장이 많다거나 디자인이 못생겼다는 악평에 흔들리지 않습니다. 테슬라의 제품what이 아니라 테슬라의 신념why을 더 가치 있게 생각하기 때문입니다.

그렇다면 "왜?"라고 묻는 습관을 가진 아이는 무엇이 다를까요?

첫째, 자신이 생각하는 합당한 근거를 찾아 논리적 사고를 할 수 있습니다. 이 논리적 사고는 행동하기 전에 생각을 먼저 하게 하며, 주위를 설득하는 일이 훨씬 쉬워집니다. 우리는 살아가면서 다른 사람을 설득해야 할 때가 많습니다. 내가 만든 상품을 팔 때, 내 뜻을 함께할 사람을 만들 때, 자녀와 학생을 올바른 길로 이끌고 싶을 때 모두 상대방을 '설득'해야 합니다. 이때 나 자신이 '내가 왜 이 일을 하려고 할까?', '이 일이 왜 가치 있나?'를 확신할 수 없다면, 그 누구도 설득할 수 없습니다.

둘째, 자기가 하고자 하는 일에 집중할 수 있습니다. 급변하는 상황 속에서도 흔들리지 않고 묵묵히 신념을 지킬 수 있으며 신념이 같은 사람을 만나 교감할 기회가 생깁니다. 무엇보다 자기가 왜 이 일을 해야 하는지 뚜렷이 아는 아이는 남이 시키는 대로 행동하는 꼭두각시가 되지 않습니다. "왜?"를 묻는 습관은 삶의 주인공이 되는 습관입니다. 위에서 이야기한 기업의 예시와 마찬가지로 '왜?'가 뚜렷한 사람은 다른 사람을 끌어들이는 힘이 있기에 원하는 것을 쉽게 얻을 수 있고 경제적, 정신적으로도 풍요로운 인생을 살 수 있게 되는 것입니다.

셋째, 기존에 없는 혁신적인 아이디어를 도출해냅니다. "왜?"라는 질문은 세상에 대한 호기심을 끌어내며, 세상을 바꾼 위대한 발명의 원천이 되기도 합니다. 광학 분야 전문 물리학자 에드윈 랜드Edwin H.Land는 "왜 사진이 나올 때까지 기다려야 해요?"라는 3살짜리 딸의 질문을 듣고 생각에 빠졌습니다. 필름이면서 동시에 사진으로 기능하는 표면을 연구하기 시작했고, 즉석카메라를 발명했습니다. 에드윈 랜드는 광학 분야의 지식이 풍부한 과학자였습니다. 물리학자로서 에드윈은 사진을 인화하는 데는 당연히 시간이 걸린다고 생각했습니다. 그러나 딸은 어른이 당연하다고 여긴 인화 시간에 "왜?"라는 질문을 했고, 딸의 질문을 가볍게 여기지 않은 물리학자의 연구로 폴라로이드 카메라가 발명됐습니다. 뉴욕타임스는 폴라로이드 발명에 얽힌 일화를 소개하며 "이제 세상은 답을 잘 찾는 사람이 아니라 '왜?'를 묻는 사람을 찾는다."[6]고 했습니다.

블룸버그Bloomberg와 뉴욕매거진New York Magazine에 소개된 참기름이 있습니다. 쿠엔즈버킷Queens Bucket이라는 작은 도심형 공장에서 만든 100% 국내산 참깨를 사용한 우리나라 참기름입니다. 쿠엔즈버킷 박정웅 대표는 한 강연에서 "참깨를 고온에서 볶으면 좋은 성분이 없어지는데, 왜 기름을 내리면 꼭 볶아야 하는가?" 하는 의문을 해결하기 위해 수많은 실패를 거듭하며 저온 추출 방법을 수년간 연구한 경험을 털어놓았습니다. 열을 가하지 않은, 몸에 좋은 참기름의 혁신 또한 "왜?"에서 시작한 것입니다. 매일 식탁에 오르는 참기름이 "왜?"를 만나 세계를 놀라게 했듯, 일상에 "왜?"를 던지면 세상을 움직이는 화두를 찾을 수 있습니다.

넷째, AI시대에 꼭 필요한 문제 해결력을 높여 줍니다. 문제 해결력은 문제를 빠르고 효과적으로 해결하는 능력으로, 인간 사고능력의 근간입니다. 문제 해결력이 높은 아이는 끊임없이 질문하고, 이해될 때까지 질문합니다. 교육학자 대부분이 "21세기에는 창의력과 통찰력을 고루 갖춘 문제 해결 능력이 뛰어난 사람이 리더가 된다."는 의견에 동의합니다. 문제 해결 과정은 일상생활의 모든 영역에서 알게 모르게 적용되고 있습니다. 일상에서 문제가 생겼을 때 집요하게 "왜?"라는 질문을 하면, 문제의 근원을 찾아 해결할 수 있습니다.

"왜?"라는 질문 습관은 기업에서도 적용되는데, 문제가 되는 근본적인 원인을 파악하는 역할을 합니다. 미국 토머스 제퍼슨 기념관의 대리석 부식 문제를 해결한 5 Why 분석법은 "왜?"의 힘을 보여주는 좋은 예입니다. 미국 토머스 제퍼슨 기념관에서는 대리석이 빨리 부식되는

문제가 발생했습니다. 기념관장은 근본적인 문제의 원인을 찾기 위해
계속 질문했습니다.

- 1 why

  왜 대리석이 부식되는가? → 비눗물을 사용하여 청소하기 때문에

- 2 why

  왜 비눗물로 청소하는가? → 비둘기 배설물을 청소해야 하므로

- 3 why

  왜 비둘기 배설물이 있는가? → 비둘기의 먹이인 거미가 많으므로

- 4 why

  왜 거미가 많은가? → 거미의 먹이인 나방이 많아서

- 5 why

  왜 나방이 많은가? → 일찍 밝힌 조명으로 나방이 모여들어서

토머스 제퍼슨 기념관장은 일찍 켠 조명 탓에 몰려든 나방이 대리
석 부식의 근본 원인이라는 사실을 알아냈습니다. 그는 기념관의 조명
을 2시간 늦게 켜는, 아주 간단한 방법으로 문제를 해결했습니다. 원인
을 분석하지 않고 표면적인 문제만 해결하기 위해 대리석만 교체했다면
비용과 수고는 더 많이 들고, 똑같은 문제가 반복되었을 겁니다. 그래서
실리콘밸리 기업은 포스트모텀post-mortem(사후 분석)을 중요하게 생각합
니다. 실패의 원인을 모르면 또다시 실패하게 된다고 보고, 근본적인 원

인을 파악하는 데 집중합니다. 구글의 포스트모텀 예시(61쪽 참고)를 보면 얼마나 끈질기게 문제의 근원을 파고 드는지 알 수 있습니다.

기업 활동이 사람들의 크고 작은 결정들로 이루어지다 보니, 작은 실수 때문에 큰 손실이 생기는 때도 있습니다. 이때 포스트모텀은 재발을 효과적으로 방지하는 방법으로써 '왜' 문제가 일어났는지 분석하고 대책을 수립합니다. 포스트모텀은 근본 원인과 결정적 원인, 문제를 해결한 방법과 과정을 구체적으로 작성하고, 모든 회사 구성원과 공유합니다. 답이 나올 때까지 '왜'를 물으면, 같은 실수를 반복하지 않을 수 있습니다.

우리는 살아가면서 누군가를 오해하고 이로 인해 갈등을 겪기도 합니다. 이때 '왜?'는 타인을 이해할 수 있는 가장 좋은 방법이 됩니다. '왜?'는 저를 선생님다운 선생님, 어른다운 어른으로 만들어 준 특별한 질문입니다. 부끄러운 저의 과거지만, 옛 제자에게 이 책을 빌어 사과하고 싶어서 용기를 내어 '왜?'가 왜 저에게 특별한 질문인지 쓰려고 합니다. 처음으로 발령받은 학교에는 가정 형편이 좋지 않은 아이들이 많았고, 학력은 형편없었습니다. 학력은 고사하고 6학년인데도 인사하기, 눈 맞추어 대화하기 등 기본 생활 습관조차 제대로 익히지 못한 학생이 많았습니다. 아이들 대부분은 부모님의 무관심 속에 컴퓨터 게임과 불법 성인물에 빠져 있었습니다(2000년대 초반이라 스마트폰이 없었습니다. 지금 그 지역의 아이들은 스마트폰 중독이 심각하다는 이야기를 전해 들었습니다. 안타

셰익스피어 소네트 문제 사후 분석 (사고번호 #465)[7]

- **요약 :** 셰익스피어의 새로운 소네트가 발견되어 검색이 폭증함. 그로 인해 셰익스피어 검색이 66분간 다운됨.

- **영향 :** 약 12억 천만 건의 검색 요청이 손실되었으나, 매출에는 영향이 없음.

- **근본 원인 :** 등록되지 않은 검색 폭증과 리소스 누수로 인해 시스템이 단계적으로 다운됨. 셰익스피어가 이전에는 사용하지 않은 단어를 사용했는데, 이 단어를 사용자가 많이 검색함.

- **결정적 원인 :** 숨어있던 버그가 갑작스러운 검색 증가로 인하여 발현됨.

- **해결 방법 :** 트래픽을 10배 추가하여 장애 완화. 인덱스를 업데이트함.

- **탐지 :** 모니터 시스템이 비정상적으로 증가한 시스템 에러를 감지함.

- **실행 방법 :** ...

- **교훈**
  - 잘된 점
  - 잘못된 점
  - 행운이라고 생각하는 점

- **타임라인**
  14:51 Delorean의 글러브 박스에서 셰익스피어의 새로운 소네트가 발견됐다는 뉴스가 보고됨.
  14:53 ···

깝습니다).

그 아이들의 부모님은 당장 자녀를 먹이고 입히는 것만으로도 버거워 공부까지 돌볼 여유가 없었겠다는 걸 이제는 알게 됐습니다. 하지만 당시 20대 중반의 미혼인 저로서는 학부모님이 원망스러웠고, 아이들의 미래가 걱정스러웠습니다. 아이들에게 "너희 이렇게 중학교 가면 공부 더 못해. 어떻게 먹고살 거야? 너희가 살길은 공부밖에 없어. 정신 똑바로 차려." 하고 다그쳤습니다. 매일 숙제를 내고, 검사하고, 안 해왔으면 혼내고, 숙제를 다 마쳐야 집에 보냈습니다.

그 중 특별히 마음이 가는 아이가 있었습니다. 제일 앞자리에 앉아 있던, 까무잡잡한 피부에 안경을 쓴, 순한 남자아이(K라고 하겠습니다)였습니다. K는 체구는 작았지만, 그리기, 만들기, 운동까지 잘했습니다. 무엇보다 이해가 빠르고 성실해서 조금만 같이 공부하면 금방 학습 결손을 메울 수 있을 것 같았습니다. 그런데 남아서 같이 공부하자고 하면 난처한 표정을 지으며 형이 기다린다며 꼭 가야 한다는 겁니다. 억지로 남긴 날엔 제가 다른 아이를 가르치는 틈을 타 어김없이 도망쳤습니다. 학교에서는 무엇이든 성실히 하는 녀석이 숙제는 한 번도 해오지 않아서 K는 날마다 저에게 혼났습니다.

그날도 K는 숙제를 안 해왔습니다. 답답하기도 하고 화가 나서 그날은 고래고래 소리쳤습니다. K는 아무 말도 안 하고 눈물만 주르륵 흘렸습니다. 서럽게 흐르는 K의 눈물을 보고서야 내가 K에게 왜 집에 꼭 가야 하는지, 왜 숙제를 안 해왔는지 물어본 적이 없다는 사실을 깨달았습니다. "K야. 왜 숙제를 못 해왔어? 숙제할 시간이 없었어? 숙제가 어려워?"하는 질문에 아이는 차분히 답했습니다.

"엄마가 붕어빵 장사를 하시는데, 허리를 다치셨어요. 그래서 형이랑 제가 학교 끝나고 붕어빵을 팔아야 해요. 붕어빵을 다 팔면 저녁 9시가 넘어요. 너무 졸리고, 춥고, 힘들어서 집에 오자마자 자요. ……"

아이가 말을 들으며 멍해졌습니다. 내가 그동안 무슨 짓을 했나 하고 눈물이 왈칵 났습니다. 못난 신규 교사였던 저는 아이 앞에서 눈물을 흘리고 싶지 않아서 얼른 K를 보내고는 펑펑 울었습니다. 선생님이 정말 미안하다고, 잘못했다고 무릎이라도 꿇고 빌었어야 했는데 꼴 난 자존심에 제대로 사과도 안 하고 혼자 울었습니다. 학교에서라도 학생들이 편하고 즐겁게 지내게 도왔어야 할 내가 오히려 괴롭혔다는 사실에 오열했습니다. 숙제를 안 해서 선생님한테 혼날 걸 알면서도 하루도 빠지지 않고 학교에 온 K를 비롯한 우리 반 아이들이 딱해서 계속 눈물이 났습니다. 너무 미안해서 미안하다는 말이 목구멍에 걸려서 올라오지 않았습니다.

한참을 울고 나니, '아이들이 왜 이렇게 쉬운 숙제도 안 해올까?'에서 출발한 질문이 '안 하는 게 아니라 못 하는 것일지 모른다. 내용이 어려워서가 아니라 할 수 없는 환경이라서 숙제를 못 해올 수 있다.' 하는 생각으로 이끌었고, 숙제를 자주 안 해와서 저에게 혼나는 아이들의 집을 가보기로 했습니다. 아이들이 어떻게 사는지 알고 싶어졌습니다. 큰 도로를 건너 조금 안쪽으로 걸어 들어갔을 뿐인데, 7~80년대를 배경으로 하는 드라마에서나 보던 풍경이 눈앞에 펼쳐졌습니다. 문을 열면 세간이 훤히 보이는 단칸방이 모여 있었습니다. 어둑어둑해질 무렵이었는데 어느 집도 저녁 식사를 준비하는 온기가 느껴지지 않았습니다.

아이들에게 학교는 안전하고 쾌적하게 지낼 하나뿐인 장소였다는 걸 알게 됐습니다. 아이들은 학교에서만 여름엔 시원하게, 겨울엔 따뜻하게 지낼 수 있었습니다. 따뜻한 점심을 제때 먹을 수 있고, 놀다가 다치면 보건실에서 치료를 받을 수 있습니다. 보살펴 주는 어른이 집에는 없지만, 학교에는 싸우면 말리고, 힘들면 도와주는 어른이 있었습니다. 아이들에게는 쉼터 같았을 학교를 내 손으로 망쳤다는 생각에 너무 괴로웠습니다. 날이 좀 더 어두워지니, 골목길은 성인인 저조차 걷기가 무서울 정도로 외지고 캄캄했습니다.

K에게 진정으로 '왜?'라는 질문을 하기 전까지는 저는 내가 뭐든 다 알고, 옳다고 생각하는 가짜 교사였습니다. 아이들은 어리고 잘 모르니까 무조건 인생 경험이 풍부한 어른의 뜻을 따르라고 강요하는 폭력적인 어른이었습니다. 아이들에게 왜 공부를 안 하냐고 수없이 물었지만, 이유가 알고 싶어서 한 질문이 아니었습니다. 내가 시키는 대로 공부하라는 말이었습니다. 아이들은 속뜻을 기가 막히게 알아챘습니다. 선생님이 자기가 왜 공부를 안 하는지 관심이 있어서 묻는 게 아니라는 걸 잘 알았습니다. 그래서 질문에 답하지 않고, 잘못했다고만 했을 겁니다.

그날 이후, 아이들을 좀 더 잘 살펴보게 됐습니다. 아이들이 정말로 '왜' 그렇게 말하고 행동하는지 알려고 노력합니다. 계속 혼자 '왜 그럴까?'를 물으며 아이들을 살핍니다. 한동안 아이를 관찰하면 아이의 말과 행동의 이유를 발견합니다. 답을 찾지 못할 때도 있지만, 진짜 도와주고 싶은 마음을 담아 왜냐고 물으면 아이들도 마음을 열고 이유를 말해줍니다. 아이의 가슴속 소리를 들으면 문제 행동도 밉지 않고, 한결 더 여유 있고 따뜻하게 학생을 대할 수 있습니다.

"왜 그래? 뭘 도와줄까?"

"왜?"는 문제를 해결하는 강력한 질문이면서도, 진심을 더 하면 사람의 마음이 보이는 따스한 질문입니다. 마음을 열고, 온기를 담아 진정으로 물어보세요.

"너라면?" 타인의 입장에서
생각하게 하기

인성이 바르면 행복한 아이로 자란다

"내 삶은 정말 좋다."

"나는 매일매일 새로운 일이 생길 거라고 생각한다."

"안 좋은 일이 생길 때, 더 나아질 것이라고 생각한다."

"다른 사람들이 그 문제를 포기하더라도, 나는 그 문제를 해결할 수 있다."

위와 같이 생각하는 사람은 얼마나 행복할까요? 위 문장은 EBS와 서울대학교가 초등학생 300명을 대상으로 한 도덕성 연구 설문 문항입니다.[8] 도덕지수가 높은 그룹의 아이들은 위의 문항에 한결같이 '그렇다.'고 답했고, 도덕지수가 낮은 그룹은 대부분 '그렇지 않다.'로 대답했습니다. 도덕성은 지능, 학습, 교우관계, 삶의 만족도, 낙관성, 회복력, 자존감 등 삶의 전반에 큰 영향을 주는 것으로 나타났습니다. 도덕성이 높은 아이가 더 행복하고, 자존감까지 높다는 연구 결과는 저에게 신선한 충격으로 다가왔습니다. '착하면 손해다.'라는 생각을 교사인 저도 줄곧 해왔으니까요.

아동·가족심리학자이자 하버드대학교 교육대학원 교수인 리처드 웨이스보드Richard Weissbourd 또한 자녀의 자아존중감에만 집중한 나머지 옳은 것을 알려주지 않으면 도덕성은 물론 자존감도 높일 수 없다고 했습니다. 양육의 핵심은 부모가 몸소 공감, 배려, 존중, 이타적 행동, 책임감 있는 태도와 성실성을 자녀에게 보여주는 데 있으며, 이러한 행동으로 길러진 도덕성은 자존감으로 이어진다고 했습니다.[9]

EBS 다큐멘터리를 보고 나서, 내 아이가 "내 삶은 정말 좋다."의 설문 항목에 웃으며 6점(매우 그렇다) 팻말을 드는, 도덕 지수가 높은 아이가 되길 간절히 바라게 됐습니다. 아이의 도덕성은 어른의 행동에 좌우된다는 것을 새삼스럽게 깨달은 후, 내 아이에게 도덕적인 모습을 보여주려고 노력했습니다. 솔직히 아이의 도덕성을 높이는 것보다 행복을 바라는 마음이 컸습니다. 제사보다 젯밥에 더 관심이 있었던 거죠. 아이들 눈이 무서워서 착한 일을 하고 나면, '내가 너무 바보 같다.'는 허탈한 마음이 들곤 했습니다. 제가 원래 도덕성이 높은 사람이 아니었다는 방증이기도 했습니다. 그래도 꾸준히 '내가 한 일이, 혹은 하려고 하는 일이 옳은 일인가?'하고 스스로 물었습니다. 내가 좀 손해를 봤어도, 옳은 일을 했다고 생각하면 기분이 좋아졌습니다. 나도 아주 조금은 좋은 어른이라는 생각에 행복해졌습니다.

아이들의 도덕성을 높이려면 어떤 질문 습관을 들여야 할까요? 억지로라도 도덕적 선택을 하기 위해 '옳은가?'를 질문하는 습관이 저에게 도움이 됐다면, 내 아이도 옳은 선택을 하기 위해 스스로 뭐라고 물으라고 알려주면 좋을지 궁금해졌습니다. 아이들에게는 '옳다'는 낱말이 어렵기도 하고, 아이들은 자기중심적이라서 무엇이 옳은지 제대로 판단하지 못할 때가 종종 있습니다.

심리학자 로렌스 콜버그Lawrence Kohlberg는 8~11세의 어린이는 자신의 욕구 충족을 도덕 판단의 기준으로 삼는다고 하였습니다. 발달심리학자 피아제Jean Piaget는 나이가 어릴수록 행동의 결과를 보고 도덕성을 판단한다고 보았습니다. 언어 발달 측면에서도 6~7세에는 50% 이상, 7~8세에는 25% 정도가 자기중심적인 언어를 사용합니다.[10] 특히 아이들이 싸웠을 때 "네가 한 일이 옳다고 생각해?"하고 물어보면 자기 입장만 내세우며 방어적으로 나오는 경우가 많습니다. '옳은가?'는 아이들에게는 맞지 않은 질문이었습니다.

"너라면?"이라는 질문은 공감 능력을 키워준다

그러다가 우연히 읽게 된 조세핀 킴(하버드대학교 교육대학원 교수, 정신건강상담사)의 칼럼 속 두 문장이 눈에 확 들어왔습니다.

"도덕성은 다른 사람의 감정 상태에 공감했을 때 성큼 자라난다. 아이들은 감정이입이 더 잘되기 때문에 도덕성이 두드러지게 나타난다."[11]

아이가 다른 사람을 공감하게 도울 수 있는 질문, 바로 "너라면?"이었습니다. 하루는 쉬는 시간에 반 아이들끼리 싸움이 크게 난 적이 있었습니다. 어떤 아이가 실수로 친구가 색종이로 만든 작은 자동차를 망가뜨렸습니다. 아이들이 '미니카'라고 부르는 색종이로 만든 자동차의 주인은 불같이 화를 냈고, 미니카를 망가뜨린 아이는 "내가 일부러 한 것도 아닌데 왜 화를 내냐?"며 대들었습니다. 그러자 각자의 친구들이 하나둘씩 참견을 하면서 한 반이 두 패로 나뉘어 난리였습니다.

선생님 (미니카가 망가져서 울고 있는 아이-학생1-에게) 우리 ○○, 속상하지?

학생2 (미니카를 망가뜨린 아이가) 아니~~, 제가 일부러 그런 게 아니라니까요!!!

선생님 (학생2에게) 네 이야기도 곧 들어줄게. 마음을 좀 가라앉히고 있어 봐. 응? (학생1에게) 뭐가 제일 속상해?

학생1 쟤가 미니카를 망가뜨려 놓고 사과도 안 해요. 이 미니카가 제일 멀리 잘

나간단 말이에요.

선생님   이런, 제일 잘 나가는 미니카가 망가져서 진짜 속상하겠다. (학생2에게) 네가 망가뜨린 건 맞아?

학생2   실수였다고요.

선생님   그래. 실수인데, 친구가 화를 내니까 너도 당황스러웠겠네.

학생2   네. (학생1을 원망스럽게 쳐다보며) 자기는 실수 안 하나 뭐?

선생님   친구가 제일 잘 나가는 네 미니카를 망가뜨리면 어떨 것 같아?

학생2   짜증날 것 같아요.

선생님   일부러 그런 게 아닌데?

학생2   실수건 아니건 내 미니카가 망가진 건 맞잖아요.

선생님   그렇구나. 그럼 저 친구도 지금 짜증 나겠지?

학생2   음…. 네. 그래도 실수였다고요.

선생님   네 미니카를 망가뜨린 친구가 사과도 안 하고, 실수였다고만 계속 변명하면 넌 기분이 어떻겠어?

학생2   안 좋겠죠.

선생님   너라면 어떻게 해야 마음이 풀리겠니?

학생2   사과도 하고, 새 미니카를 만들 수 있게 반짝이 색종이를 주면 좀 풀릴 것 같아요.

선생님   아하, 그렇구나. 그럼 친구한테 사과도 하고, 색종이도 줄 수 있어?

학생2   반짝이 색종이는 없어요.

선생님   알았어. 그건 선생님이 친구한테 잘 말해줄게.

학생2	(학생1에게) 미안해.
선생님	(학생1에게) 이제 좀 마음이 풀렸어?
학생1	네.
선생님	네가 실수로 친구 미니카를 망가뜨렸는데, 그 친구가 다짜고짜 막 화를 내면 어떨 것 같아?
학생1	실수한 건데 너무 화를 내니까 나도 화가 날 것 같아요. 그렇지만 이건 제일 잘 나가는 미니카라고요.
선생님	맞아. 정말 속상할 것 같아. 어떻게 하면 네 마음이 풀리겠니? 친구가 반짝이 색종이를 지금 주기는 어려울 것 같은데, 선생님이 다른 별무늬 색종이를 주면 어떨까?
학생1	좋아요.
선생님	너무 속상해서 화를 내긴 했지만, 친구도 실수였는데 네가 너무 화를 내니까 당황했겠지?
학생1	네.
선생님	너무 화를 낸 건 미안하다고 할 수 있겠어?
학생1	(학생2에게) 미안해.
선생님	억울한 거 있는 사람?
학생1, 2	없어요.
선생님	쉬는 시간 다 끝나겠다. 얼른 가서 놀아야지!

"너라면?"이라고 질문하니, 일일이 잘못을 따져 알려줄 필요가 없

었습니다. 내가 상대방이라면 어떤 마음일지 생각해보는 것만으로도 아이들은 금방 해결 방법을 찾아냈고, 대부분 올바른 결정을 내렸습니다. 상상만으로는 감정이입이 어려운 아이들에게는 역할 놀이를 시켜보면, 금방 상대방의 감정을 이해했습니다. 책을 읽으면서도 "내가 주인공이라면?"을 물으면 다른 사람의 마음을 헤아리는 습관을 들일 수 있습니다.

남을 위하는 마음이 경쟁력이 되는 세상이 오고 있다

'미움받을 용기', '나로 살기' 등 자기중심적으로 사는 것이 현명하다는 의식이 가득한 분위기에서 다른 사람을 헤아리는 습관은 손해처럼 느껴집니다. 그러나 다른 사람의 처지를 생각하는 힘이야말로 강력한 경쟁력입니다. 무한경쟁 속에서 살아갈 우리 아이들에게 공감이 정말 경쟁력이 될 수 있을까요?

지난 1월, 대구광명학교의 특별한 졸업앨범이 뉴스에 소개됐습니다.[12] 3D 프린터와 3D 스캐너 기술을 활용하여 손으로 만져서 친구의 얼굴을 간직할 수 있는 '손으로 보는 따뜻한 세상'이라는 이름의 졸업앨범이었습니다. 3D 졸업앨범을 기획한 사람은 3D 관련 전문가가 아니라 대구광명학교의 교사였습니다. 시각 장애가 있는 아이의 마음을 헤아린 선생님의 배려로 3D 기술의 가치가 높아진 겁니다.

의료기기 스타트업 브이픽스 메디칼은 초소형 현미경을 활용하여 암 조직을 그 자리에서 확인하는 의료기기를 개발하고 있습니다. 암으로 의심되는 조직을 떼어 내어 조직 검사 결과를 기다리는 그 며칠은 피를 말립니다. 암 수술을 할 때, 전이 여부를 판별하기 위해 조직 검사를 하는데, 보통 3~40분이 걸립니다. 수술 시간이 그만큼 길어지는 거죠. 수술 소요 시간은 환자의 회복 속도와 밀접한 관련이 있습니다. 암 환자의 고통을 이해하고, 삶의 질을 조금이라도 더 낫게 만들려는 배려가 과학을 가치 있게 만듭니다.

졸업앨범과 3D 기술, 초소형 현미경과 의료기기처럼 앞으로는 점점 더 전혀 생각하지 못한 것들이 융합을 통해 새로운 제품과 서비스로 등장할 겁니다. 한 명 한 명에게 맞춘 '사용자 중심' 기술이 살아남을 겁니다. 사용자 중심 기술은 공감하는 사람에게 절대 유리합니다.

"성격적 탁월성은 습관의 결과로 생겨난다. 정의로운 일을 행함으로써 우리는 정의로운 사람이 되며, 절제 있는 일을 행함으로써 절제 있는 사람이 되고, 용감한 일들을 행함으로써 용감한 사람이 된다."[13]

아리스토텔레스는 품성(성격적 탁월성)이 습관에서 생겨난다고 믿었습니다. 도덕성은 한순간에 만들어지지 않습니다. 아이의 눈높이에 맞는 꾸준한 훈련과 연습으로 다듬어야 합니다. 어른이 모범을 보이면서 아이에게 옳고 그름을 판단하도록 돕고, 판단에 따라 실천할 수 있게 응원해주어야 합니다. 아이가 옳은 행동을 하고 난 후 만족감을 느끼는 과정이 반복되면, 도덕적 행동이 습관이 되고, 도덕적 행동을 하면, 도덕적인 사람이 됩니다.

서울대학교 교육학과 문용린 교수는 "도덕적이지 못하면 이 세상을 살아가는 의미와 가치를 느끼지 못하게 된다. 결국 인생의 마지막에서 중요한 것은 도덕적으로 얼마나 가치 있고 의미 있는 삶을 살았느냐 하는 것이다."라는 말로 도덕성 변인에 관한 연구의 결론을 맺었습니다.

　　우리 아이들이 다른 사람을 생각하는 따뜻한 마음과 옳은 일을 해낼 용기를 가질 수 있길 소망합니다. 도덕적으로 가치 있는 삶을 살면서 '내 삶은 정말 좋다. 안 좋은 일이 생기더라도 극복해낼 수 있다.'고 생각하는 행복한 아이로 자라나길 바라며 질문합니다. "'너'라면…?"

3장

진짜 지식을 채우는
5가지 질문

알아야
잘 쓸 수 있다

교과서에서 제시한 문제에 성실하게 답을 쓴다

아무리 훌륭한 요리사라도 재료가 있어야 음식을 만들 수 있듯, 아는 것이 있어야 글을 쓸 수 있습니다. 아는 것이 글의 재료입니다. 글을 잘 쓰려면 일단 쓸 내용을 잘 알아야 하고, 잘 알려면 배워야 합니다. 그래서 글을 쓰기 위한 준비에는 공부가 포함됩니다.

한 중학생 어머니가 중학교 수행평가 대부분이 글쓰기라서 아이도 엄마도 힘들다며 지금이라도 논술학원을 보내야 할지 물었습니다. 자녀가 시험은 잘 보는데 논술형 수행평가에서 다 망쳐서 내신 등급이 나오지 않아 고민이라고 했습니다. 지필 평가는 잘 보는데, 글쓰기 수행평가를 못 하는 탓에 성적이 안 나온다는 것이었습니다.

글쓰기 실력은 하루아침에 늘지 않고, 당장 코앞에 닥친 수행평가 점수는 잘 받아야 하는 상황이라 선뜻 좋은 생각이 떠오르지 않았습니다. 각종 학원과 시험 준비로 바쁜 아이가 글쓰기를 배울 여유는 없어 보였습니다. 과연 글쓰기를 따로 배운다고 해서 바로 수행평가 점수로 이어질지 확신도 서지 않았습니다. 우선 중학생 자녀가 수행평가 점수를 잘 못 받는 이유를 알기 위해 수행평가 문제와 학생이 작성한 답을 살펴보았습니다.

중학교 사회 논술형 수행평가

전 지구적 차원에서 발생하는 환경 문제(예 : 지구온난화 등)의 원인을 설명하고, 지속 가능성의 측면에서 이를 해결하기 위한 개인적, 국가적, 국제적 노력을 제시하는 가상 일기를 쓰시오.

중학생 사회 논술형 수행평가 문제를 보면 채점 요소를 크게 세 가지로 나눌 수 있습니다.

① 전 지구적 차원에서 발생하는 환경 문제를 제시하고, 그 원인을 설명할 수 있는가?

② 지속 가능한 발전을 위한 개인적, 국가적, 국제적 노력을 제시할
　수 있는가?
③ 위의 두 가지 내용을 일기 형식에 맞추어 쓸 수 있는가?

　학생과 학부모의 염려와는 달리 학교에서 제시한 서술·논술형 수행평가는 대단한 글쓰기 능력을 요구하는 문제가 아니었습니다. 학습 내용을 잘 이해했는지, 배운 내용을 생활에 적용하는 능력과 태도를 갖추었는지를 확인하는 문제였습니다. 중학생이 쓴 답을 보니, 일기 형식으로 글을 쓰긴 했지만, 지구온난화라는 문제만 제시했을 뿐 원인도, 이를 극복하기 위한 다각적인 노력도 충실히 쓰지 않았습니다. '지속 가능성'을 깊이 이해하지도 못했습니다.

　생각과 느낌을 쓰려면 생각과 감정, 감각을 나타내는 어휘를 알아야 합니다. 지속 가능성의 측면에서 개인과 나라, 전 세계가 기울이는 노력을 쓰려면 지속 가능성이 무엇인지 알아야 합니다. 환경 파괴의 사례와 그 원인을 알아야 합니다. 알아야 글을 쓸 수 있습니다.
　그렇다면 국어과 수행평가는 어떨까요? 수준 높은 글쓰기 능력이 있어야 문제를 해결할 수 있을까요? 고등학교 국어과 서술·논술형 수행평가 문제를 살펴보겠습니다.

고등학교 국어과 수행평가도 수준 높은 글쓰기 능력이 필요하지 않습니다. 국어 수업에서 배운 고려가요인 「청산별곡」을 잘 이해하고, 화자의 위치에 따라 다르게 해석할 수 있는지를 평가하는 문항입니다.

위의 수행평가 문항에 제대로 답하려면 세 가지를 정확히 알고 있어야 합니다.

① '화자'가 무엇인지 아는가?
② 「청산별곡」의 내용을 이해했는가?
③ 화자의 위치에 따라 노래를 다르게 해석할 수 있는가?

중고등학교 수행평가뿐 아니라 우리가 직장에서 많이 쓰는 보고서 또한 해당 분야의 지식이 있어야 쓸 수 있습니다. 정확한 지식과 정보 위에 창의성을 더해야 보고서가 빛납니다. 글을 잘 쓰려면 우선 쓰고자 하는 주제를 잘 알아야 합니다. 문제를 잘 읽고, 서술할 방향을 정확히 잡아야 합니다. 지식, 독해력, 사고력이 글쓰기의 기본입니다.

자녀가 글을 어떻게 하면 잘 쓸 수 있는지 묻는 학부모들께 저는 모든 과목의 교과서를 꼼꼼하게 읽고 알차게 쓰는 것부터 시작하라고 말씀드립니다. 교과서는 해당 분야의 권위 있는 학자와 교사가 함께 만든 훌륭한 참고서입니다. 교과서에서 제시한 문제에 꼼꼼하고 성실하게 답을 쓰는 습관을 들여야 합니다. 그러면 해당 교과 내용을 잘 이해하게 되고, 독해력, 사고력뿐 아니라 글쓰기 실력도 늘어납니다.

각 과목의 교과서 활동을 성실하게 하면 정말 글쓰기에 도움이 될까요? 초등학교 과학, 사회 교과서를 보겠습니다. 초등학교 5학년 과학 실험관찰 교과서에 수록된 '생각해 볼까요?'의 1번 질문은 '산성 용액과 염기성 용액에 물질을 넣었을 때 나타나는 변화를 바탕으로 산성 용액과 염기성 용액의 성질을 설명해 볼까요?'입니다. 물음에 답하기 위해서는 각 용액이 물질과 만났을 때 어떤 변화가 있었는지 자세히 관찰하고, 용액에 물질을 넣었을 때 나타나는 변화의 공통점과 차이점을 찾아내야 합니다.

관찰은 글쓰기의 기본이며, 공통점과 차이점을 찾아내는 일은 보이는 것을 뛰어넘어 흐름을 읽는 능력의 기초가 됩니다. '산성 용액은 달걀 껍데기와 대리석 조각을 녹이지만, 삶은 달걀흰자와 두부는 녹이지 못한다. 염기성 용액은 삶은 달걀흰자와 두부는 녹이지만, 달걀 껍데기

산성 용액과 염기성 용액에 물질을 넣으면 어떻게 될까요?

탐구 활동 산성 용액과 염기성 용액에 여러 가지 물질 넣어 보기

1 묽은 염산과 묽은 수산화 나트륨 용액에 달걀 껍데기, 삶은 달걀 흰자, 대리석 조각, 두부를 넣으면 어떤 변화가 생길지 예상해 써 봅시다.

구분	달걀 껍데기	삶은 달걀 흰자	대리석 조각	두부
묽은 염산				
묽은 수산화 나트륨 용액				

2 달걀 껍데기, 삶은 달걀 흰자, 대리석 조각, 두부를 묽은 염산이 담긴 비커와 묽은 수산화 나트륨 용액이 담긴 비커에 넣었을 때 일어나는 변화를 관찰해 써 봅시다.

구분	달걀 껍데기	삶은 달걀 흰자	대리석 조각	두부
묽은 염산				
묽은 수산화 나트륨 용액				

생각해 볼까요?

1 산성 용액과 염기성 용액에 물질을 넣었을 때 나타난 변화를 바탕으로 산성 용액과 염기성 용액의 성질을 설명해 볼까요?

2 서울 원각사지 십층 석탑에 유리 보호 장치를 한 까닭을 생각해 볼까요?

초등학교 과학 5-2, 5. 산과 염기, 실험관찰, 56쪽와 대리석 조각은 녹이지 못한다.'라고 정리할 수 있어야 제대로 실험을 수행, 관찰하고 이해한 것입니다.

더 나아가 '생각해 볼까요?'의 2번 질문에 '서울 원각사지 삼층 석탑에 유리 보호 장치를 한 까닭을 생각해 볼까요?'는 산성과 염기성을 배우는 까닭, 즉 과학을 우리의 삶과 연결합니다. 질문에 답하기 위해 탐구하다 보면 빗물이나 새의 배설물이 산성이라는 것을 알게 되고, '빗물은 왜 산성을 띄는가?', '유리는 산성 물질에 훼손되지 않는가?' 등 또 다른 탐구 문제를 이어갈 수 있습니다.

초등학교 6학년 사회 교과서 학습 활동의 질문은 아이들에게 생각할 거리를 던져줍니다. '이 지도는 무엇을 나타내나요?', '영양 결핍이 높은 지역과 낮은 지역은 각각 어디인가요?'의 물음은 세계 기아 지도만 보면 금방 답을 찾아낼 수 있습니다. 그러나 '이 지도로 알 수 있는 점은 무엇인가요?', '기아 문제가 계속되면 어떤 일이 일어날까요?', '빈곤과 기아 문제를 해결하려면 우리에게 어떤 태도가 필요할까요?'라는 질문은 깊이 생각해야 답할 수 있는 질문입니다. '왜 아프리카와 일부 아시아에 영양 결핍 현상이 심한가?', '기아 문제는 먼 나라의 문제일 뿐인가?'라는 질문을 스스로 이어가면서 답을 찾아야 답을 제대로 쓸 수 있습니다.

세계 기아 지도 읽기

✒ 지도를 살펴보고 빈곤과 기아 문제를 생각해 봅시다.

세계 기아 지도

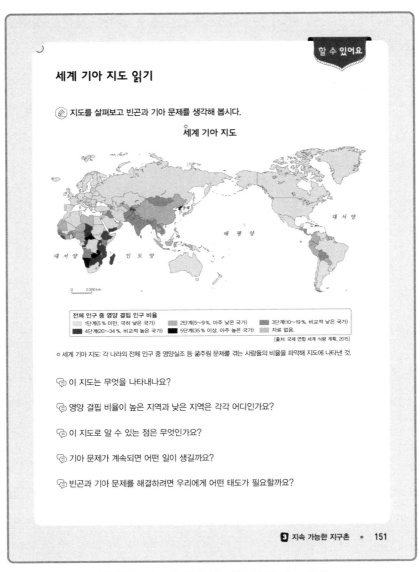

전체 인구 중 영양 결핍 인구 비율

■ 1단계(5 % 미만, 극히 낮은 국가)　　■ 2단계(5~9 %, 아주 낮은 국가)　　■ 3단계(10~19 %, 비교적 낮은 국가)
■ 4단계(20~34 %, 비교적 높은 국가)　　■ 5단계(35 % 이상, 아주 높은 국가)　　■ 자료 없음.

[출처: 국제 연합 세계 식량 계획, 2015]

❀ 세계 기아 지도: 각 나라의 전체 인구 중 영양실조 등 굶주림 문제를 겪는 사람들의 비율을 파악해 지도에 나타낸 것.

☞ 이 지도는 무엇을 나타내나요?

☞ 영양 결핍 비율이 높은 지역과 낮은 지역은 각각 어디인가요?

☞ 이 지도로 알 수 있는 점은 무엇인가요?

☞ 기아 문제가 계속되면 어떤 일이 생길까요?

☞ 빈곤과 기아 문제를 해결하려면 우리에게 어떤 태도가 필요할까요?

초등학교 사회 6-2, 2-3. 지속 가능한 지구촌, 151쪽

084

글을 잘 쓰려면 각 학년에서 성취해야 할 수준의 지식을 탄탄히 쌓아야 합니다. 교과서를 꼼꼼하게 읽고, 내용을 정확히 파악하여 꽉 채워 쓰는 습관이 곧 글쓰기 습관입니다. 성실하게 학교 수업을 듣고, 교과서에서 제시하는 활동을 충실하게 해내야 학습 능력을 높이고, 독해력과 사고력을 훈련할 수 있습니다.

체력을 유지하기 위해서는 좋은 식습관과 운동이 기본이듯, 글쓰기에 필요한 학습력, 독해력, 사고력을 키우는 데도 매일의 학교 수업과 과제를 충실히 해내는 것이 기본입니다. 교과서를 꼭꼭 씹어 소화한 후에 참고서나 학원의 도움을 받아 보충·심화학습을 하는 것이 좋습니다. 지금 당장 자녀와 함께 교과서를 펼쳐 보세요.

공부머리 키우는 질문 ❶
"설명해 볼래?"

가장 좋은 학습 방법, 설명하게 하기

코로나19로 인해 전 세계의 학교가 문을 닫았던 2020년 3월, OECD는 하버드대학교와 함께 팬데믹 시대의 학교 교육에 관한 설문 조사를 하였습니다. 98개국 330명의 교육 전문가에게 교육계의 중요한 과제가 무엇인지 물었습니다. 가장 많은 사람이 '자기주도학습 능력을 기르도록 지원하는 일'이라고 답했습니다.[1]

한국교육학술정보원에서도 85만여 명의 교사와 학부모를 대상으로 코로나19가 교육에 어떤 영향을 미쳤는지를 조사하였습니다. 교사의 79%가 원격학습으로 인해 학생 간 학습 격차가 커졌다고 답하였고, 실제로 서울특별시교육청 교육연구정보원[2]과 경기도교육연구원[3]의 조사 결과 학습 격차가 심해진 것으로 나타났습니다. 학습 격차가 심화된 요인이 학생의 자기주도적 학습 능력의 차이에서 온다고 답한 교사가 65%에 달했습니다. 학부모의 학습 보조 여부(13.86%), 학생-교사 간 소통 한계(11.26%), 학생의 사교육 수강 여부(4.86%)에 비해 월등히 높은 응답률입니다.

코로나19로 인해 원격수업이 일반화되면서, '자기주도적 학습 능력'이 더욱 필요해졌습니다. 학교나 학원을 갈 수 없으니, 학생 혼자 공부할 시간이 늘어난 탓입니다. 자기주도적 학습 능력을 키우려면 어떻게 해야 할까요? 우리나라 청소년 6,908명을 대상으로 한 4년간의 종단 연구 결과, 메타인지에 답이 있었습니다. 메타인지는 학습 전략, 성취동기, 자기주도적 학습 시간까지 영향을 주는 것으로 나타났습니다.[4] 메타인지는 자기주도적 학습 능력, 학습 몰입과 밀접한 관계가 있습니다.[5] 메타인지는 지능보다 성적을 더 잘 예측하는 지표이기도 합니다.[6] 메타인지는 과목, 주제, 내용에 관계없이 학습 결과에 영향을 줍니다.[7]

메타인지란 무엇일까요? 『메타인지 학습법』(21세기북스, 2019)의 작가 리사 손 컬럼비아대학교 심리학과 교수는 메타인지를 '생각에 대한 생각, 인지에 대한 인지'로 설명합니다. 메타인지는 자기가 알고 있는 것을 아는 능력, 자기의 생각이 옳은지 그른지 판단하는 능력입니다. 메타인지가 자기주도적 학습 능력에 큰 영향을 미치는 이유가 여기에 있습니다. 리사 손 교수는 한 강연에서 배움은 내가 아는 것과 모르는 것을 아는 데서 시작하기 때문에 "모든 배움은 메타인지로부터 시작한다."라고 했습니다.

메타인지 전문가는 메타인지가 학습뿐 아니라 '일상생활 속에서 필수적인 기술'이라고 입을 모읍니다. 매일 우리는 다양한 결정을 내리고, 성인이 되면 직업이나 결혼과 같이 인생을 좌우하는 중요한 결정을 내려야 합니다. 많은 정보 중 나에게 맞는 최적의 결정을 내리기 위한 정보를 가려내는 역할을 메타인지가 담당합니다. 제4차 산업혁명으로 정보가 폭발적으로 증가하는 시대에 더욱 필요한 능력이 바로 메타인지입니다.[8]

이렇게 메타인지가 아이의 공부와 삶에 중요하지만, 부모가 대신 길러줄 수 없습니다. 뉴욕대학교 신경과학센터 스티븐 플레밍Stephen Fleming 박사는 자기 성찰 능력, 즉 메타인지는 사람마다 능력 차이가 크며, 메타인지가 발달한 사람의 뇌는 전전두엽 피질 부위에 회백질이 더 많다는 것을 발견했습니다. 이 부위는 특히 고차원적 인지와 계획, 다른 동물과 구별되는 인간 특유의 능력과 밀접한 관련이 있습니다.[9] 가천의대 신경외과 김영보 교수는 뇌가 발달하기 위해서는 반복이 필수라고 말합니다.[10]

메타인지의 권위자 네덜란드 라이든 대학교Leiden University 마르셀 비엔만Marcel V. J. Veenman 교수는 KBS와의 인터뷰에서 메타인지는 하나의 고급 기술이므로, 다른 기술 습득과 마찬가지로 반복 훈련이 필수라고 했습니다. 자녀의 메타인지는 훈련하여 키워야 하는 기술입니다.

리사 손 교수는 메타인지를 키우려면 자기 자신의 상태를 스스로 판단하는 과정이 중요하다고 강조합니다. '메타인지 전략의 핵심은 모니터링monitoring과 컨트롤control'입니다. 모니터링은 '자신이 가지고 있는 지식의 질과 양에 대한 평가를 스스로 하는 과정'이고, 컨트롤은 '모니터링을 기반으로 학습 방향을 설정하는 과정'입니다.[11] 자녀의 메타인지를 기르기 위해서는 자기가 잘 알고 있는지 스스로 평가할 기회와 계획을 세울 기회를 주어야 합니다.

자기주도적 학습 능력과 직결되는 메타인지는 '내가 아는 것과 모르는 것을 아는 능력' 즉 모니터링 전략과 '어떻게 더 잘 배울 수 있는지 계획을 세우는 능력'인 컨트롤 전략 훈련을 통해 발달할 수 있습니다. 부모가 자녀 대신 메타인지를 키울 수는 없지만, 자녀가 자신의 상태를 돌아보고 전략을 세우도록 도울 수는 있습니다.

마르셀 비엔만 교수는 메타인지를 따로 가르치지 말고, 각 교과 내용을 배울 때 메타인지를 활용할 수 있게 훈련해야 한다고 말합니다. 저는 날마다 아이와 함께 학교에서 배운 내용을 복습하면서 아이가 메타인지를 사용할 수 있게 돕습니다. 교과서를 같이 읽으면서 모니터링과 컨트롤 전략을 세우는 질문을 하는 거죠.

엄마	오늘 학교에서 사회 수업 시간에 뭐 배웠어?
아이	음…….
엄마	생활 도구?
아이	아! 네. 생활 도구를 배웠어요.
엄마	생활 도구를 한번 설명해 볼래?
아이	생활에서 사용하는 물건을 생활 도구라고 하고, 시간이 흐르면서 생활 도구가 바뀌어요.
엄마	어떻게?
아이	처음엔 그냥 나무나 돌을 써요. 자연에서 얻은 걸 거의 그대로 써요. 그러다가…(중략)
엄마	아하, 시간이 흐르면서 생활 도구가 어떻게 변했는지 배운 거구나?
아이	네. 맞아요!
엄마	새로 알게 된 사실이 뭐야?
아이	청동으로는 농기구를 만들지 않은 거요. 귀하기도 하고, 만드는 방법도 어려워서요.
엄마	그럼 네가 모르는 건 뭘까?
아이	모르는 걸 내가 어떻게 알아요? 아는 걸 빼고 다 모르는 거죠. 뭐.
엄마	궁금한 내용이나 더 알아보고 싶은 거 없어? 네가 동생한테 생활 도구가 변하는 과정을 설명한다면, 동생이 무슨 질문을 할 것 같아?
아이	음... 아! (교과서에 나온 청동거울 사진을 가리키며) 저는 이게 진짜 거울인가 궁금했어요. 이렇게 생겨서 어디 내 얼굴이 보이겠어요? 그리고, 돌을

쓰다가 왜 갑자기 청동기를 사용하게 된 걸까? 철은 또 어떻게 발견했나?

엄마 아하, 그렇네. 엄마도 그건 궁금하다. 그럼 답을 찾으려면 어떻게 해야할까?

아이 일단 역사책을 찾아보고, 인터넷 검색하면 되지 않을까요?

엄마 응. 그러면 되겠다. 그럼 청동거울이 정말 거울처럼 잘 보이는지, 청동기
와 철을 사용하게 된 이유나 과정을 알아보는 데 시간이 얼마나 걸리겠어?

아이 금방 찾으면 얼마 안 걸릴 테고, 검색이 잘 안 되면 오래 걸릴 테고.

엄마 금방이면 몇 분 정도? 5분?

아이 에이, 그래도 문제가 세 개나 되니까 한 문제당 5분 걸린다 생각하면,
15분 정도 걸리지 않을까요?

엄마 아, 그렇겠구나. 그럼 오래 걸리면?

아이 한 문제당 10분에서 20분 걸릴 테니 30분에서 한 시간은 걸리겠네요.

엄마 그럼 그거 지금 한번 알아볼래? 엄마도 궁금한데? 대신 수학 복습은 내일
하고. 그런데, 만일 답을 못 찾으면 어떤 방법으로 답을 찾아볼래?

아이 왜 못 찾을 것부터 걱정해요. 난 찾을 거라고요.

엄마 만약에 말이야. 하하하

아이 엄마가 검색을 잘하니까 엄마한테 sos 할게요. 아니면, 내일 선생님께 물
어봐도 되고요. 그래도 모르면 지난번에 갔던 박물관 큐레이터 선생님께
여쭤볼래요.

엄마 아하! 그런 방법이!

학습자가 지식 구축과정에 적극적으로 참여해야 효과적으로 학습

할 수 있는데,[12] 배운 내용을 설명하려면 학습자가 지식전달자가 되므로, 학습 과정에 적극적으로 참여할 수밖에 없습니다. 설명하기는 기억력, 이해력, 문제해결능력 발달에 효과적인 학습 방법이며, 배우는 내용이 어려울수록 학습 효과가 큰 것으로 나타났습니다.[13] 아는 내용을 말하면서 학습자는 사전 지식을 토대로 새로 알게 된 내용을 정리하는 한편, 이해하지 못하거나 혼란스러운 내용도 발견하게 됩니다.[14] 배운 내용을 설명하면 더 오래, 더 구체적으로 기억할 수 있을 뿐 아니라 자기가 아는 것과 모르는 것을 파악 – 모니터링할 수 있습니다.

서울대학교 교육학과 김동일 교수팀이 학습 전략에 관한 논문을 분석한 결과 메타인지 전략은 학습성취와 인지능력 등 전반적인 학습 능력의 향상에 도움을 주었고, 초등학교 시기에 학습 전략을 지도하는 것이 효과적인 것으로 나타났습니다.[15] 이 연구 결과는 초등학교 3학년 정도부터 메타인지를 활용을 지도하는 학습에 도움이 된다는 마르셀 비엔만 교수의 의견과 일치합니다.

쉴 새 없이 밖에 있는 지식을 머릿속으로 꾸역꾸역 넣는 게 아니라, 아이 안에 있는 지식과 마음을 점검하고, 생각해서 선택할 여유를 주세요.

'내가 아는 것은 무엇이고, 모르는 것은 무엇인가?'

'내가 아는 것과 모르는 것을 어떻게 점검할 수 있는가?'

'내 공부 방법이 효과적인가?'

이와 같은 질문을 하고 답하는 과정이 자기주도적 학습 과정입니다. 처음에는 아이가 스스로 질문할 수 없으므로, 부모나 교사가 적절한 질문으로 아이의 메타인지 발달을 자극할 수 있습니다. 모든 교과와 상황에서 아이가 자기 상태를 점검하고, 이를 바탕으로 계획을 세우도록 도와주세요.

아이는 배운 내용을 설명하면서 아는 내용은 더 깊이 알게 되고, 모르는 내용이 무엇인지 정확히 파악하게 됩니다. 이런 과정을 반복하면 '내가 모르는 내용이 있을 수 있다.', '잘 알려면 모르는 시기가 꼭 필요하다.'는 중요한 사실을 자연스럽게 받아들입니다. 모든 것을 다 아는 자기의 모습이 아니라 모르는 것이 있는 자신의 모습까지 인정하고 받아들이는 것이 튼튼한 학습의 기초일 뿐 아니라 단단한 자존감의 토대가 될 거라 믿습니다.

공부머리 키우는 질문 ❷
"어디에, 어떻게 써먹어 볼까?"

관심사와 연결하기

"어제 두 시간이나 공부했다니까요."
"문제집 다섯 장 풀었어요."

아이들에게 공부했냐고 물으면, 아이들은 앉아 있던 시간과 풀이한 문제의 양으로 답합니다. 정말 아이들은 세 시간 동안 책상 앞에 앉아 문제집을 풀면서 진짜 '공부'를 했을까요? 그건 아무도 모릅니다. 질문으로 점검하기 전까지는요.

'공부'를 국어사전에서 찾아보면 '학문이나 기술을 배우고 익힘'이라고 나옵니다. 우리가 공부와 비슷한 의미로 쓰는 '학습'도 '배우고(學) 익힘(習)'이라는 뜻입니다. 공부와 학습 모두 배우고 익히는 과정이 필요합니다. 배우는 건 뭘까요? '새로운 지식이나 교양을 얻는' 겁니다. 모르고 있던 사실을 알게 되는 거죠. 공부머리를 키우는 첫 번째 질문으로 꼽은 '설명해 볼래?'는 '배움'을 점검하는 질문입니다. 국어 시간에 '편지 쓰는 방법'을 배웠다고 가정해보겠습니다. 국어 수업 후에 '편지는 어떻게 쓰는 거야?'라는 질문에 답하지 못하는 학생은 배운 게 아닙니다. 그냥 몸만 교실에 있었을 뿐이지요. 그럼, 편지 쓰는 방법을 설명할 수 있는 학생은 정말 '공부'한 걸까요? 아직은 아닙니다. 배운 걸 익혀야 진짜 공부니까요.

'익히다'는 '자주 경험하여 익숙하게 하다.', '여러 번 겪어 설지 않게 하다.'라는 뜻입니다. 배운 내용을 자주, 여러 번 경험하고 겪어야 공부가 완성됩니다. 편지 쓰는 방법을 설명하는 데서 그치면 반쪽짜리 공부입니다. 직접 받을 사람을 정해 편지를 써서 보내야 제대로 공부한 겁니다. 배운 내용을 반복하여 내 삶과 연결하는 과정이 바로 '습(習)'이지요.

새로 알게 된 지식과 기술을 실생활에서 직접 써먹어 봐야 공부가 됩니다. '지금 배운 내용이 나랑 무슨 상관이야?'라고 물어야 합니다. 공부하기 전과 후가 달라지는 걸 경험해야 공부가 재미있습니다. 공부로 내 생활이 달라지면, 공부 동기는 저절로 생깁니다.

미술 시간에 배웠던 색의 속성을 기억하시나요? 명도와 채도를 조절하는 방법, 색상환에서 보색과 유사색 찾는 방법을 가르칠 때마다 어느 순간부터 멍해지는 학생이 많아집니다. 무슨 미술이 이렇게 어렵냐며 하소연하는 아이들도 있습니다. 그러나 아이들의 관심사와 색상을 연결하면 지루해하던 아이들의 눈이 반짝입니다.

교사	얘들아, 색의 3속성이 뭐라고 했지?
학생	색상, 명도, 채도요.
교사	맞아. 색상은 뭘까?
학생1	색상은 색이요. 그냥 그 색깔.
교사	응. 그렇지. 색상은 그 색이 가진 고유의 특성이야.
	(색상환을 보여준다.)
학생2	으악~ 색상환 3학년 때부터 계속 배웠어요.
학생3	또 보색, 유사색 뭐 그런 거 물어보려고 그러시죠?
교사	하하. 어떻게 알았어?
학생4	뻔하죠. 뭐.
교사	그럼, 말 나온 김에 물어보자. 빨강의 보색은 뭘까?
학생5	색상환에서 반대쪽에 있는 색이니까 청록색이요.
교사	맞아. 그런데 얘들아. 보색을 어디에 써먹지?
학생6	무언가를 강조하고 싶을 때 쓴다고 배웠어요.
교사	아니. 배운 거 말고. 너희가 이 색상환을 어디에 쓸 수 있겠니?

학생7	어디에 써요. 그냥 배우라니까 배우는 거죠.
교사	에이. 그럼 재미없지. 흐음. ○○랑 △△, □□ 나와볼래? 선생님이 똑같은 색지를 얘네 얼굴에 대 볼게. 이 색으로 옷을 만든다면, 누구한테 더 잘 어울릴지 한 번 봐줘.
학생들	어! 똑같은 색인데 느낌이 다 달라요.
교사	그렇지? 보색은 '반대색'이라는 뜻도 있지만, 보색의 '보'가 돕는다는 뜻도 있거든. 좀 더 자세한 진단은 색채 전문가에게 받아봐야 알겠지만, 선생님이 보기에 □□는 얼굴에 붉은 기운이 좀 있어서 이렇게 초록색 계열이 잘 어울리지. 빨강의 보색이 청록색이니까. 또 어디에 보색이나 유사색을 써먹을 수 있을까?
학생8	화장할 때요?
교사	그렇지. 똑같은 색의 화장품도 사람에 따라 달라 보이는 이유가 여기에 있거든.

　　색의 속성은 보통 초등학교 5학년 때 배웁니다. 외모에 신경 쓰기 시작하는 이맘때 아이들의 삶과 색의 속성을 살짝 관련지어 주었을 뿐인데 아이들은 그 어느 때보다 적극적으로 색상환을 들여다보기 시작했습니다. 한발 더 나아가 똑같은 청록색도 누구는 파스텔톤이 어울리고 나는 비비드한 톤이 어울리네 하며 채도와 명도까지 파고드는 학생들의 모습에서 필요와 동기가 공부의 원동력이라는 걸 실감했습니다.

　　이론 수업 후 '나와 잘 어울리는 옷의 색상 3가지를 만들고, 그 이유를 색의 속성을 활용하여 설명하기'를 수행평가로 안내했습니다. 아이들이 수행평가를 대하는 태도가 평소와는 달랐습니다. 점수보다 자기와 잘 어울리는 색을 찾는 과정에 집중했습니다. 퍼스널 컬러 전문가의 조언이 담긴 동영상을 검색하면서 이런저런 색을 만들었습니다. 자기가 만든 색이 정말 자기랑 잘 어울리는지 얼굴에 칠하는 아이도 있었습니다. 몇몇 아이들은 평가가 끝난 후에도 계속 색에 관해 공부해서 전교 부회장 선거에 나가는 친구가 선거운동에 사용할 팻말을 만드는 데 응용하기까지 했습니다.

"'아는 만큼 보인다'는 말이 딱 맞는 말이지?"하고 묻는 선생님을 보며 "선생님, 요새는 제가 좋아하는 아이돌 그룹이 나오면 얼굴만 봤는데, 요샌 어떤 색 옷을 입었는지가 더 눈에 들어와요." 하고 싱긋 웃었습니다. 공부가 세상을 보는 눈을 달라지게 한다는 걸 경험했겠지요. 공부가 항상 재미있을 수는 없지만, 그렇다고 우리 아이들이 공부를 항상 이를 악물고 견뎌야 하는 고행이라고만 받아들이지 않았으면 좋겠습니다. 책 속의 지식이 내 삶 속에 들어와서 세상을 더 넓게, 더 멀리 내다볼 시각을 갖게 해주는 것이 공부라고, 그래서 공부는 참 멋진 일이라고 생각했으면 좋겠습니다.

공부머리 키우는 질문 ❸
"관계가 뭐지?"

다양한 관계를 구조화하기

새롭게 배운 내용을☞ 나의 삶과 연결하는 과정☞이 진짜 공부라는 걸 아이가 알게 됐다면, 이제 공부한 내용끼리 연결하는 질문을 던질 때입니다. 4차 산업혁명이 일어나고 있는 지금은 융합의 시대입니다. 고전 문학이 모바일 게임 속 배경으로 등장하고, 자동차가 인공지능 기술을 만나 자율주행을 합니다. 인류의 생존을 위협하는 환경 문제도 과학 기술, 정치, 경제, 사회, 윤리 등 다양한 학문과 분야가 융합해야 해결할 수 있습니다. 배운 내용을 실제 삶과 연결하고, 배운 내용 간의 관계를 생각하는 능력이 경쟁력이 됩니다.

거창하게 '융합'을 떠올리지 않아도, 개념 간의 관계를 묻는 습관은 공부 자체에 큰 도움이 됩니다. 2학년 때 담임했던 아이들이 5학년이 되어 교실에 놀러 온 적이 있습니다. 5학년이 되니 힘든 게 많다며 푸념하는 아이들에게 제일 어려운 게 뭐냐고 물으니 한 아이가 제 말이 끝나기 무섭게 '수학'이라고 말했습니다.

"도형이 엄청 많잖아요. 그 둘레의 길이를 구하는 식이 도형마다 다 달라요. 그런데 문제는 말이죠, 곧 넓이를 구하는 식을 또 외워야 한다는 거예요. 이건 뭐 감당이 안 돼요. 에혀~~ 구구단이나 외우던 2학년 때가 좋았다니까요!"

아이가 도형의 둘레를 구하는 식을 따로 공부했다면, 수학이 아이에겐 정말 막막한 과목으로 느껴졌을 겁니다. 도형의 둘레를 구하는 식이 어떻게 다르냐고 했더니, 아래와 같이 공식을 숨차게 이야기합니다.

- 정다각형의 둘레 = (한 변의 길이) × (변의 수)
- 직사각형의 둘레 = {(가로)+(세로)} × 2
- 마름모의 둘레 = (한 변의 길이) × 4

이걸 다 외우려니 얼마나 힘들었을까 싶어 머리를 쓰다듬으며, "진짜 열심히 공부했네. 그런데, 네가 지금 말한 식은 결국 다 똑같은 거야. 잊어버려."라고 했습니다. 아이의 눈이 동그래졌습니다. '힘들게 외운 공식을 잊어버려도 된다니?' 하는 표정으로요. 개념을 이해하지 못하고, 문제 풀이에만 집중하는 공부는 실패합니다. 각 도형의 개념과 성질을 모르면 둘레, 넓이 등 도형 단원을 제대로 이해할 수 없습니다. 아이가 걱정한 대로 앞으로 도형의 넓이를 구하는 단원에서는 더 많은 공식을 외워야 할 겁니다. 그렇게 수많은 공식을 땜질하듯 외워 문제 풀이만 하다 보면 결국 무너집니다. '초등학교 땐 잘했는데 중학교 때 성적이 확 떨어지는' 아이의 대표적인 공부 방법입니다. 그렇다면 암기가 좋지 않은 공부 방법일까요? 아닙니다. 암기는 꼭 필요한 공부 방법입니다. '아무 생각 없이' 외우는 데 문제가 있습니다.

미국의 심리학자 데이비드 오스벨David Ausubel은 학습을 유의미한 수용학습과 기계적인 암기학습으로 나누었습니다. 새로운 내용을 학습자가 원래 알고 있던 내용과 관련을 맺어서 기억하는 학습 방법을 유의미한 학습이라고 하였습니다. 기계적 암기학습은 이와는 반대로 아무 생각 없이 외우는 방법입니다. 이전에 배운 도형의 개념은 떠올리지 않고, 도형의 둘레를 구하는 공식만 외운 아이가 사용한 학습 방법이지요.

유의미한 학습과 그렇지 않은 학습의 차이점은 '관계'에 있습니다. 학습자의 인지구조, 즉 이미 알고 있는 지식에 새로운 지식을 연결할 수 있는지에 따라 학습의 성패가 달려있습니다. 뇌과학적으로도 학습자가 스스로 관계망을 형성하므로 학습에 몰입할 수 있고, 중요한 개념과 그렇지 않은 개념의 위계관계를 세우게 되어 학습 효과가 극대화된다고 밝혀졌습니다. 유의미한 학습은 다음 학습을 위한 기초가 되지만, 기계적인 암기는 다음 단계의 학습에 아무런 도움을 주지 못하는 데 큰 차이가 있습니다.[17] 그러니 개념 간의 관계를 생각하며 공부하는 학생과 배울 때마다 나오는 개념을 무조건 외우는 학생의 학력 차이는 점점 벌어질 수밖에 없겠지요.

도형의 둘레를 구하는 공식을 일일이 외우느라 힘든 아이가 제대로 공부하려면 어떻게 해야 할까요? 아이에게 "도형의 성질과 각 도형의 둘레와는 무슨 관계가 있을까?"하고 질문하는 데서 유의미한 학습이 시작됩니다. 그동안 배웠던 도형 단원을 찾아 개념을 살펴보고, 관계를 맺어주면 됩니다. 5학년 1학기에 배우는 '다각형의 둘레와 넓이'는 3학년 1학기 '평면도형', 4학년 1학기 '각도', 4학년 1학기 '삼각형', '사각형', '다각형'의 개념을 알고 있어야 잘 이해할 수 있습니다. 정사각형, 직사각형, 평행사변형, 마름모의 개념과 성질을 정확히 아는 아이는 둘레를 구하는 식을 외우지 않고도 각 도형의 둘레를 쉽게 구할 수 있습니다.

- 정사각형 : 네 각이 모두 직각이고, 네 변의 길이가 모두 같은 사각형(3학년 1학기)
  → 네 변의 길이가 모두 같으니까 한 변의 길이에 변의 수만큼 곱하면 둘레를 구할 수 있다.
- 직사각형 : 네 각이 모두 직각인 사각형(3학년 1학기)
  → 마주 보는 변의 길이가 같으니까, 가로와 세로의 길이를 더한 값의 2배가 둘레다.

- 평행사변형 : 마주보는 두 쌍의 변이 서로 평행한 사각형(4학년 2학기)

  → 마주 보는 두 쌍의 변의 길이가 같으니까, 한 변과 다른 한 변의 길이의 합을 2배 하면 된다.

- 마름모 : 네 변의 길이가 모두 같은 사각형(4학년 2학기)

  → 네 변의 길이가 모두 같으니까 한 변의 길이에 4를 곱하면 되지.

　　수학뿐 아니라 모든 공부는 '개념'에서 시작됩니다. 개념 이해가 기초입니다. 기초가 단단하지 않으면 제아무리 공든 탑도 무너집니다. 새로운 개념이 나올 때 "내가 이미 알고 있는 것과 무슨 관계가 있지?"하고 질문하여 차곡차곡 연결하면 쉽게 무너지지 않는 학습 결과가 만들어집니다.

　　대표적인 암기과목인 역사도 개념을 이해하고 연결하면 훨씬 잘, 오래 기억할 수 있습니다. 한강이 중요한 이유, 중국과의 관계, 국가의 발전에 필요한 요소를 알면 삼국시대의 역사를 더 잘 이해하고 기억할 수 있습니다. 아이가 알고 있는 역사적 사실을 오늘날의 문제와 관계지어 생각할 기회를 주면, 역사가 그저 옛날에 있었던 일이 아니라 현재를 바르게 볼 수 있는 지혜의 원천이라는 사실을 깨닫게 됩니다.

| 아이 | 오늘 독도의 날이라서 '독도는 우리 땅' 노래도 부르고, '독도수비대 강치' 만화도 봤어요. |
| 엄마 | 오늘이 독도의 날이었구나. 그런데 왜 독도는 우리 땅이야? |

아이	신라 시대부터 우리 땅이었으니까요.
엄마	그런데 왜 일본은 독도를 일본 영토라고 주장한대?
아이	독도에는 원래 사람이 안 사는 땅이라서 주인이 없었던 거래요. 그런데 일본이 일본 땅으로 삼았고, 동해가 아니라 '일본해'라고 적혀 있는 지도가 많으니까 독도는 일본 땅이라고 한대요. 아 놔, 어이없어.
엄마	맞아. 진짜 어이없지. 엄마는 일본이 독도를 일본 영토로 편입한 때가 일제강점기라서 더더욱 독도는 일본 땅이 아니라고 생각해. 독도가 일본 영토가 아닌 이유와 일제강점기는 어떤 관계가 있을까?
아이	일제강점기와의 관계요? 힌트를 좀 주세요.
엄마	일본이 식민통치했던 땅이 다 일본 땅일까?
아이	아! 일본이 중국, 러시아도 침략했었잖아요. 일제강점기에 독도를 차지했었으니까 독도가 일본 땅이라고 하면 지금도 우리나라, 중국, 대만도 일본 땅이라고 우기는 거랑 마찬가지인 거죠?
엄마	맞아! 그거야.
아이	일본 말대로라면 지금 지구의 1/4은 영국 땅인 거예요. 지금이 제국주의 시대인 줄 아나……!
엄마	그렇지. 그런데 제국주의가 뭐야?
아이	강한 나라가 약한 나라를 침략해서 지배하는 거예요. 그건 정말 잘못된 일이라고요.
엄마	요새 역사책을 재미있게 읽더니, 정확하게 알고 있네! 요즘엔 강한 나라가 약한 나라를 침략하는 일은 없을까?

아이	약한 나라를 막 쳐들어가는 나라는 없지 않나요?
엄마	군사를 앞세워 침략하는 것만 제국주의일까?

아이가 공부할 때, 아무 생각 없이 받아들이기보다 다양한 관계를 생각할 수 있도록 질문하고, 함께 답을 찾아보세요. '오늘 배운 내용은 내가 예전에 배운 것과 무슨 관계가 있을까?'하는 질문은 교과서 속 문장에 불과했던 지식이 내가 알고 있는 내용과 이어지고, 동떨어진 나의 삶과 관계를 맺으면 삶의 지혜가 됩니다.

상상력, 실용성과 확장하기

탐스Toms 신발을 신어보셨나요? 유명한 신발회사이자 선한 영향을 주는 기업으로 널리 알려진 탐스Toms는 '만약에?'라는 질문에서 시작했습니다. 블레이크 마이코스키Blake Mycoskie는 휴가차 떠난 아르헨티나에서 신발이 없는 아이들을 만납니다. 사람들에게 덜 닳은 신발을 기부받아 그 아이들에게 나누어줍니다. 좋은 일을 했다고 기뻐하고 있을 때, '만약에 그 신발이 작아지거나 해어지면, 그다음엔 그 아이들은 또 어디서 신발을 구하지?'라는 질문을 받습니다. 그리고는 진지하게 고민합니다. '만약에 헌 신발을 기부받지 않고, 새 신발을 계속 줄 수 있다면?' 하는 질문으로 이어졌고, 결국 'Shoes for Tomorrow'라는 슬로건을 내건 탐스 신발회사를 만들었습니다. 창업 이후 '한 켤레를 사면, 한 켤레를 기부한다One for One'라는 일대일 기부 문화를 이어가고 있습니다.

포춘Fortune 500대 기업 리더십 고문인 마이크 마이어트Mike Myatt는 포브스지에서 "'만약에'는 현재를 극대화하고, 미래를 확보한다. '만약에'는 당면한 문제를 해결할 뿐 아니라 장기적인 발전을 도모하는 힘이 있다고 했습니다."[17]라고 했습니다. 탐스 신발회사는 당면한 문제—신발이 없는 아이들에게 신발을 나누어 주는 일—를 해결했고, 앞으로도 계속 신발을 기부할 방법을 확보했습니다. 아이들에게도 '만약에'라는 질문이 힘이 있을까요? 저는 초등학교 4학년 사회 시간에 '만약에'의 힘을 경험했습니다.

"선생님, 요새는 다 내비게이션이 길을 안내해주고, 스마트폰만 있으면 세계 어디든 찾아다닐 수 있는데, 왜 지도를 알아야 해요?"

초등학교 4학년 1학기 사회과는 지도 읽기로 시작합니다. 아이들에게는 낯선 축척, 등고선, 방위, 지도 기호를 배우려니 괴로울 만도 합니다. 아이들 말이 맞습니다. 스마트폰만 있으면 어디든 찾아갈 수 있습니다. 내비게이션은 이제 운전자의 필수품이 됐죠. 이제는 실생활에서 잘 쓰이지도 않는 지도를 배워야 하니 원망 섞인 목소리가 나올 만합니다. "왜?"로 시작하는 수업에 익숙해진 아이들이 이제 선생님에게 질문도 하는구나 싶어 웃음이 났습니다.

선생님　위성사진과 지도의 차이점이 뭐지?

학생1　위성사진은 하늘에서 내려다본 사진이고, 지도는 위에서 내려다본 모습을 간단하게 표시한 거예요.

선생님　아주 잘 이해했어. 위성사진이 있는데, 왜 지도를 쓸까?

학생2　지도는 옛날부터 있던 건데, 옛날엔 위성사진이 없었잖아요.

선생님　그럼 위에서 내려다본 그대로 그림을 그리면 되는데, 왜 지도를 그렸을까?

학생3　넓은 지역을 똑같이 어떻게 그려요. 지도로 간단하게 나타내는 거죠.

선생님　맞아. 지도는 넓은 지역을 한눈에 볼 수 있게 줄여서 간단하게 그림으로 나타낸 거야. 많은 내용을 그림으로 나타내려다 보니 기호가 필요한 거고.

학생4　그러니까요, 선생님. 옛날엔 지도가 필요했을지 몰라도 요새는 안 필요하잖아요. 내비게이션에, 스마트폰까지 있는데 말이에요.

선생님　요즘엔 지도가 정말 필요 없을까?

학생5　길 찾을 때 지도 찾는 사람 한 명도 못 봤어요.

선생님　맞아. 선생님도 길 찾을 때 지도 안 보거든. 하하하. 그런데 지도는 길 찾을 때만 쓸까?

학생6　그럼 언제 쓰죠?

선생님　만약에 너희가 이사해서 새로운 동네에 살게 된다면, 어떤 지도가 가장 필요하겠니? 예를 들면, 선생님은 가까운 마트나 시장이 어딘지 찾고 싶을 것 같거든. 내비게이션에서 찾아보면 되지만, 그래도 한눈에 내가 필요한 장소만 딱 보이는 지도가 있으면 정말 편할 것 같아.

학생7	선생님은 커피를 좋아하시니까 카페도요?
선생님	역시 ○○는 선생님 취향을 잘 알아. 만약 선생님이 지도를 만든다면, 마트, 시장, 카페, 도서관, 맛집을 표시할 거야. 너희는 어떤 지도가 필요하니?
학생8	처음엔 제가 자주 가야 하는 장소를 중심으로 지도를 만들면 편할 것 같아요. 학교, 학원, 문구점 같은 곳 말이에요.
학생9	아! 저는 우리 반 친구들이 사는 곳을 지도에 표시하고 싶을 것 같아요.
학생10	아, 코로나19 지도도 있잖아.
학생11	맞아. BTS 콘서트 장소를 나타낸 지도도 있어.
선생님	정말 지도의 주제는 무궁무진하지.
학생4	아, 그러니까 우리가 길 찾는 데는 지도를 잘 안 쓰지만, 각자 필요한 지도는 다르니까 지도를 배워야 하는 건가요?
선생님	지도를 배워야 하는 이유는 너희가 찾아야 해. 다만 선생님은 너희가 지도에 담긴 자연환경과 인문환경을 읽어내고, 그 고장 사람의 생활 모습을 이해할 수 있었으면 좋겠어. 너희만의 지도를 만들 수 있길 바라기도 해. 만약에 너희가 새로운 지도를 만든다면, 어떤 지도를 만들고 싶니?

"만약에?" 하고 물어봤을 뿐인데, 아이들은 배움의 이유를 찾아냈습니다. 지도 읽는 법을 배우는 게 쓸모 있다는 당면 과제를 해결했을 뿐 아니라 지도의 기본 요소를 배우고 나서 자기만의 지도를 만들어봐야겠다는 동기도 만들었습니다. 마이크 마이어트의 말대로 '만약에?'는

눈앞의 문제를 해결하고, 동시에 미래의 발전도 놓치지 않게 하는 힘이 있습니다.

'만약에?'는 상상력을 불러일으키는 질문이자, 새로운 시각을 갖게 해주는 마법 같은 단어입니다. '만약에 내가 과거 혹은 미래에서 왔다면?', '만약 내가 과거 혹은 미래로 간다면?', '만약 내가 다른 나라에서 태어났다면?', '만약 내가 우주 한가운데 있다면?'과 같이 '만약에'는 시공간을 초월한 여행을 가능하게 합니다. 새로운 시각을 가지면, 문제를 전혀 다른 방향에서 접근해서 해결할 힘과 동기가 생깁니다. 알고 싶다는 마음이 생기면, 공부는 저절로 따라옵니다. 수많은 생명을 살린 전염병의 역학과 과학 발전의 토대가 된 지동설은 '만약에?'라는 의문을 품은 사람에 의해 탄생했습니다.

1854년 영국은 콜레라가 창궐하기 시작했습니다. 당시 런던 인구의 급격한 증가와 산업 발전으로 인한 환경 오염으로 런던은 악취로 가득했습니다. 대부분 사람은 콜레라의 원인이 공기에 있다고 생각했습니다. 그러나 런던의 의사 존 스노John Snow는 '만약 콜레라의 원인이 공기가 아니라면?'이라는 의문을 품었고, 현장 역학 조사를 하여 영국 런던 소호 지역의 콜레라 발병 지도를 만들었습니다. 그 결과 사망자가 '브로드가 펌프Broad Street Pump' 근처에 몰려 있다는 것을 발견했고, 펌프를 폐쇄하자 콜레라 사망자가 급속히 줄었습니다.[18]

수천 년간 사람들은 지구가 우주의 중심이라고 믿었습니다. 천동설로는 설명할 수 없는 행성의 밝기 변화와 역행을 설명하기 위해 새로운 개념을 더하면서까지도 사람들은 천동설을 의심하지 않았습니다. 천동설을 진리라고 믿은 절대다수는 지동설을 주장하는 사람을 죽이고, 박해했습니다. 그러나 '만약에 하늘이 아니라 지구가 돈다면?'이라는 물음과 끈질긴 관찰은 결국 세상을 바꿨습니다.

'만약에?'는 강력한 공부와 생각의 도구이기도 하지만, 저는 초등학교 교사이자 아이 둘의 엄마로서 아이들을 설득할 때 유용하게 사용합니다. 한 번쯤은 '젖 짜는 소녀와 우유 한 통' 이야기를 들어보셨을 겁니다. 목장에서 젖을 짜는 소녀가 일한 대가로 목장 주인에게 우유 한 통을 받습니다. 소녀는 우유통을 머리에 이고 시장으로 향합니다. 소녀는 시장으로 가는 길에 '만약에 우유를 팔아 돈이 생기면 뭘 할까? 그래, 달걀을 사는 거야. 곧 병아리가 나오겠지? 병아리를 닭으로 키워서 시장에 다시 팔아야지. 닭을 팔면…, 예쁜 드레스를 사서 무도회에 가야지.' 하는 행복한 상상에 빠져 춤을 추다 우유통을 엎지릅니다.

이 이솝우화에서 '우유를 엎지르고 울어봐야 소용없다.', '부화하기 전에 병아리 수를 세지 마라.'라는 서양 속담이 생겼다고 합니다. 우리 속담으로는 '김칫국부터 마시지 마라.' 정도의 뜻입니다. 하지만 저는 이 이야기에서 '만약에?'의 힘을 찾았습니다. 무거운 우유 통을 머리에 이고 시장으로 가기가 얼마나 힘겨울까요. 하지만 우유를 판 돈을 어떻게 쓸지 '김칫국을 마시는' 동안 소녀는 발걸음이 참 가벼웠을 겁니다. 그러니 무거운 우유통을 머리에 이고 있는 줄도 모르고 춤을 췄겠지요.

힘든 일을 할 땐 희망이 큰 힘이 됩니다. 아무리 놀아도 또 놀고 싶어 하는 아이들의 모습이, 맛있는 음식을 먹은 날에도 또 다음 날 먹고 싶은 음식이 떠오르는 제 모습과 닮았다는 생각이 문득 든 날이 있습니다. 아이들에게 공부는 어쩌면 나의 평생 숙제 같은 다이어트가 아닐까 하는 생각이 들었습니다. 다이어트는 '만약에 내가 살을 뺀다면?' 하는 희망으로 버팁니다. 날씬하고 건강미 넘치는 사람의 사진을 보며 운동할 의지를 다지는 것처럼 아이에게도 희망을 주면 좋겠다 싶었습니다. 그래서 숙제하기 싫어서 몸을 꼬고 있는 아이에게 눈을 흘기는 대신, "만약에 숙제를 다 하면 뭘 하고 싶은데?"하고 물었습니다. 아이의 얼굴이 순간 환해져서 숙제를 마치고 하고 싶은 일을 종알종알 말했습니다. 저는 맞장구치며 들어주고는 "그래. 정말 재미있겠다. 숙제 얼른 마치고 같이 하자!"라고 했습니다. 다행히 아이는 자세를 고쳐 앉아 단숨에 과제를 끝냈습니다. '만약에 ○○를 다 해내면?' 하는 질문은 지금 하는 일을 열심히 할 원동력을 만들기도 합니다.

고집 센 아이를 설득할 때도 '만약에'를 잘 쓰면 효과가 좋습니다. 아이들이 다 그렇지만, 고집 센 아이는 더욱 '내가 다른 사람의 말에 꺾인다.'는 느낌을 싫어합니다. 자기가 잘못한 걸 알면서도 자존심이 상해서 어깃장을 놓아서 훈육하기가 힘듭니다. 그래서 저는 '선생님 때문이 아니라, 네가 이성적으로 현명하게 판단해서 생각을 바꾸는 거다.'라는 메시지를 전달하기 위해 '만약에 네가……?'하고 묻습니다. 우리 반에 하기 싫은 일은 안 하겠다고 고집을 피우는 학생이 있었습니다. 그동안은 다른 과제로 대체해주었지만, 습관이 될 것 같아 그날은 주어진 활동을 하게 해야겠다고 마음먹었습니다.

선생님   이 활동을 왜 안 하고 싶은지 말해줄 수 있어?

학생   그냥 안 하고 싶은데 이유가 뭐가 있어요? 저는 제가 하고 싶은 일만 할 거예요.

선생님   그렇구나. 만약에 네가 하고 싶은 일만 하면 어떻게 될까?

학생   엄청 좋겠지요.

선생님   ○○ 엄마는 좋아하시는 일이 뭐야?

학생   스마트폰 보는 거요.

선생님   만약에 ○○ 엄마가 다른 일은 안 하고 싶으니까 스마트폰만 보면 어떻겠어?

학생   다른 일은 아빠가 대신하면 돼요.

선생님   선생님이 ○○ 아빠를 잘 모르지만, 집안일이나 직장에 나가는 일을 하고 싶어서 하시진 않을 텐데?

학생   …….

선생님   만약에 ○○ 부모님이 하고 싶은 일만 하면 ○○가 따뜻한 집에 살면서 이렇게 깨끗한 옷을 입고, 밥을 먹고 다닐 수 있을까?

학생   …….

선생님   선생님도 ○○가 뭐든 하기 싫다고 할 때, '그래, 하지 마.'하고 놓아두고 싶어. 그러면 너도 편하고, 선생님도 이렇게 목 아프게 말 안 해도 되니

113

까. 그렇지만, 선생님은 네가 성실히 학교생활을 할 수 있게 도와주려고 여기에 있는 거거든. 더구나 선생님이 보기엔 네가 이 활동을 잘 해낼 것 같고 말야.

학생　　하기 싫은 일을 하는 건 힘들다고요.

선생님　맞아. 선생님도, 부모님도 하고 싶은 일보다 해야 할 일을 하려고 다들 노력하고 있어. 우리 반 친구들도 그래. 너도 같이 노력할 수 있겠어?

학생　　알았어요. 대신, 대충할 거예요.

선생님　일단 시작해봐. 그걸로도 선생님은 ○○를 칭찬해!

'만약에?'라는 질문은 인과 관계를 생각하게 합니다. '만약에 이러면 어떻게 되지? 그다음엔?'하고 계속 꼬리를 물고 묻다 보면 결과를 예측할 수밖에 없습니다. 내가 강요하지 않아도 상대를 설득하기 쉽습니다. '만약에?'의 힘이 아직도 의심스럽습니까? 혹시 보험에 가입하셨나요? 보험이야말로 '만약에?'가 가진 설득의 힘을 바로 보여주는 예입니다. '만약에 사고가 크게 난다면? 만약에 우리 집에 불이 난다면? 만약에 내가 갑자기 아프다면?'의 질문의 답으로 보험이 생긴 거니까요.

'만약에 이렇다면?' '만약에 이렇지 않고 저렇다면?' 하는 생각의 끝에 plan A, plan B를 세울 수 있습니다. '만약에'는 논리적이고 복합적인 사고를 하게 만듭니다. 인과 관계와 파생되는 많은 경우의 수를 예측하게 합니다. 그래서 포춘 500대 기업가를 컨설팅하는 학자가 "만약에?"

라는 질문에는 당면한 과제를 면밀하게 살펴 '현재를 극대화'하고, 지금의 행동이 초래하는 결과를 대비하여 '미래를 확보'하는 힘이 있다고 했겠지요. 자녀의 창의력과 사고력, 문제해결력을 길러줄 "만약에…?"라는 질문을 잘 활용해보시기 바랍니다.

"가장 기분 좋은 칭찬은?"

학습동기와 자존감 높이기

'자신의 장점과 단점은 무엇입니까?'

자기소개서와 면접 문제에서 자주 등장하는 질문입니다. 급변하는 사회에 발맞추어 끊임없이 공부할 인재를 1순위로 뽑는 기업과 학교는 왜 지원자의 장단점을 묻는 것일까요? 장점은 많고, 단점은 없는 사람을 뽑기 위해서일까요? 절대적인 장단점은 없습니다. 상황에 따라 장점이 단점으로, 단점이 장점으로 작용할 때가 많습니다. 평소에는 신중하고 안정적인 성격이 장점일 수 있지만, 혁신과 변화의 시기에는 단점이 될 수도 있습니다. 때에 따라 혼자 일하기 좋아하는 성향이 강점이자 걸림돌이 됩니다. '당신의 장단점은 무엇입니까?'는 결국 '당신은 자기 자신을 잘 알고 있습니까?'라는 질문입니다. 자기를 잘 알아야 유행에 휩쓸리지 않습니다. 자기가 잘하는 일을 알면 더 잘하고 싶어지고, 그래서 더 배우고 싶습니다. 자기의 약점을 알아야 보완할 부분도, 보완할 방법도 찾을 수 있습니다. 자신을 아는 데서 진정한 배움이 시작되고, 하고 싶은 일과 해야 할 공부도 스스로 찾아내기에 인재를 선발할 때 장단점이 무엇이냐는 뻔한 질문을 자주 하는 거겠지요.

요즘 하고 싶은 일을 물어보면 제대로 답하는 학생을 찾기가 어렵습니다. 하고 싶은 일도, 알고 싶은 일도 많아야 할 아이들이 고민도 하지 않고 '건물주', '재벌'이라고 말하는 현실이 슬픕니다. 빡빡한 학원 일정과 끊임없이 쏟아지는 스마트폰 동영상, 게임, SNS에 빠져 자기가 잘하는 일이나 배우고 싶은 것도 발견할 틈이 없는 거겠지요. 뭘 하고 싶은지 모르겠다는 아이에게 '네가 잘하는 일 중에 재미있는 일을 찾아보면 답이 있다.'고 조언했습니다. 아이들의 대답은 "선생님, 저는 잘하는 게 없어요. 하고 싶은 것도 없어요. 게임이 제일 재미있고요. 다 귀찮아요."였습니다. 힘이 쭈욱 빠졌습니다. 잘하는 일도, 장점도 없다고 생각하는 아이가 과연 행복할까 생각하니 마음 한쪽이 저릿했습니다.

그런데 막상 저도 잘하는 일이나 하고 싶은 일을 말하려니 떠오르지 않았습니다. 잘하는 일을 말하자니 잘난 체하는 것 같고, 이 정도 실력으로 잘한다고 해도 되는지도 확신이 서지 않았습니다. 어른인 나도 장단점을 말하기 어려운데, 아이들은 더 막막하겠지요. 아이들이 자기가 잘하는 것과 좋아하는 것을 찾게 도울 방법을 고민하다가 찾은 질문이 바로 '네가 들은 칭찬 중에 제일 기분 좋은 건 뭐야?'입니다. 다른 사람이 칭찬했으니 내가 잘난 척하는 느낌을 지울 수 있고, 그중 가장 기분 좋은 칭찬은 자기에게 그만큼 큰 의미가 있는 일이니, 아이의 눈높이에 딱 맞는 질문이었습니다.

'가장 기분 좋은 칭찬은?'이라는 질문의 힘을 실감한 건 진로교육 시간이었습니다. 학생과 함께 내가 잘하는 것과 좋아하는 것을 찾아봤는데, '잘하는 것'을 쓰는 칸을 뚫어지게 쳐다보기만 하고 끝내 채우지 못하는 학생이 보였습니다. 평소 조용하고 말이 없는 여학생이었습니다. 다가가서 잘하는 걸 써보라고 하니 잘하는 게 없다고 했습니다. 아이가 스스로 생각하게 돕는 질문이 필요한 순간이었죠.

학생	선생님, 저는 잘하는 게 없어요.
선생님	으응? 그럴 리가 없어. 선생님은 네가 뭘 잘하는지 알 것 같은데?
학생	뭔데요?
선생님	선생님이 말해주면 재미없지. 힌트를 줄게. 네가 들은 칭찬 중에 특별히 기억나는 것 세 가지를 써 봐. 누가 그 칭찬을 했는지도 쓰면 좋고.
학생	(골똘히 생각하면서 글을 씀) 여기 있어요.

- 동생이랑 잘 놀아줘서 고마워. (엄마)
- 배움 공책을 이렇게 깔끔하게 정리했구나. (학교 선생님)
- 발음이 많이 좋아졌는데? (영어학원 선생님)
- 넌 정말 착해. (OOO - 친구)

선생님 이런 칭찬을 듣는 학생이 많지 않거든. 칭찬만 딱 봐도 넌 훌륭한 아이인걸?

학생 (뿌듯한 표정으로) 네? 아하…

선생님 이 셋 중에서 제일 기분 좋은 건 뭐야?

학생 다 좋아요.

선생님 그래도 한 개만 골라봐.

학생 음… 배움 공책을 깔끔하게 정리했다는 칭찬이요.

선생님 오호. 그래? 선생님이 한 칭찬이라 선생님도 기쁘네. 그 칭찬이 왜 제일 좋아?

학생 다른 친구들은 배움 공책을 잘 정리하지 못해서 여러 번 썼잖아요. 그런데 저는 한 번에 통과했어요. 애들이 제 공책 보여달라고 하고, 부러워해서 기분이 더 좋았거든요.

선생님 맞아. 선생님도 기억나. 배움 공책 정리가 어려운데, 우리 OO는 요점을 잘 정리했고, 글씨도 바르게 잘 썼어. 배움 공책을 잘 쓰려면 뭘 잘해야 할 것 같아?

학생 글씨를 잘 써야 해요.

선생님	그것보다 더 중요한 게 있어.
학생	그게 뭔데요?
선생님	'배움' 공책이니까 배운 내용을 떠올려서 잘 정리해야 하거든. 넌 교과서를 읽고, 중요한 내용을 배움 공책에 쏙쏙 잘 정리했으니 글을 잘 읽는 거야. 어려운 말로, 문해력이 좋다고 하지.
학생	문해력이요?
선생님	글을 읽고, 정확히 이해하는 능력이야. 정말 중요한 능력이지.
학생	네. 저는 문해력이 좋군요. 글을 읽고 잘 이해해요.
선생님	그렇지!

그 이후 이 학생은 책을 더 즐겨 읽었습니다. 글을 읽고 잘 이해하는 방법을 질문하기 시작했습니다. 모르는 어휘가 나오면 뜻을 찾아보고, 새로 알게 된 낱말을 평소 말할 때나 글을 쓸 때 사용하려고 애썼습니다. 그날 배운 내용을 간단히 쓰는 배움 공책을 뛰어넘어 과목별 정리 공책을 쓰고 싶다고 했습니다. 교과서를 읽을 때 중요한 내용에 밑줄을 긋고, 구조화했습니다.

자신의 장점을 잘 아는 학생은 장점을 살리기 위해 적극적으로 배우고, 자기주도적으로 학습하면서 자연스럽게 부족한 면을 찾아냅니다. 문해력이 좋은 그 학생은 수준 높은 책 읽기에 도전했고, 그 과정에서 자기는 과학책을 잘 이해하지 못한다는 걸 깨달았습니다. 과학을 잘 이해하지 못하는 이유를 찾아보고, 쉬운 과학책부터 찾아 읽었습니다. 부족한 면을 정확히 알고, 극복하려는 순간부터 약점은 더는 약점이 아닙니다. 단점을 극복하려는 노력은 발전의 크나큰 원동력이 됩니다.

자기가 무엇을 잘하고, 어떤 칭찬에 만족감을 느끼는지 아는 것은 배움에 도움이 될 뿐만 아니라 성공의 열쇠인 '개인 브랜드'를 만드는 지름길이 됩니다. 유명한 연예인이 유튜브를 하던 시대는 지나가고, 거꾸로 유명한 유튜버가 TV에 등장해서 명성을 얻는 현실을 보면, 유튜브의 힘을 실감하게 됩니다. 2020년 세계 음반 판매량 1, 2위에 빛나는 BTS는 TV나 라디오가 아니라 SNS로 팬과 활발하게 소통한 덕분에 세계 제1의 아이돌그룹이 되었습니다. SNS의 발달로 1인 방송 시대가 열렸습니다. 장난감 갖고 놀기, 화장하기, 몰래카메라, 야생에서 생존하기, 화분 키우기, 반려동물과 살기, 디저트 만들기, 집 정리하기, 책 읽기 등 예전에는 개인의 취미에 불과했던 사소한 일이 이제는 수십억의 가치를 창출하는 브랜드가 되었습니다. 잘하는 일을 재미있게 하는 모습 자체가 브랜드가 되고, 우리 아이들이 살아갈 미래는 더욱 개성이 중요해질 겁니다.

성공한 삶에 '행복'을 빼놓을 수는 없겠지요. 『리스본행 야간열차』(들녘, 2007) 작가로 유명한 철학자 페터 비에리는 그의 철학서 『자기 결정』(은행나무, 2015)에서 자신이 진정으로 좋아하고 원하는 것이 무엇인지 아는 데서 행복하고 존엄한 삶이 시작된다고 말합니다. 그래서 자기의 브랜드를 찾은 사람은 행복해질 확률이 높습니다. 자기의 진짜 모습을 알려면 사소한 일상을 관찰하라고 합니다. 학교나 직장 선택과 같이 큰 결정은 외부의 시선을 의식할 수밖에 없지만, 일상의 선택은 오로지 자기의 기호에 따라서 결정하니까요.

'어떤 칭찬이 가장 신나?'

'뭘 할 때 시간이 쏜살같이 지나가니?'

'힘들어도 재미있어서 자꾸 하고 싶은 게 있어?'

나의 장단점, 잘하는 것과 못하는 것, 내가 진정으로 하고 싶은 일을 찾는 일은 어른에게도 답하기 어려운 무거운 주제입니다. 그래서 아이들에게 사소한 행복을 느낄 때가 언제인지 종종 묻습니다. 페터 비에리가 『행복을 찾아가는 자기돌봄』(크리스티나 뮌크, 더좋은책, 2016)에서 "사소한 선택의 순간 안에 당신의 진짜 모습이 숨어있다. 사소한 하루하루를 내가 선택한 행복으로 채울 때 인생 전체가 행복해진다는 것을 기억하라."라고 말한 것처럼 빡빡한 아이들의 일상 안에서 자기의 진짜 모습을 찾기를 바라는 마음으로 질문합니다. 아이의 삶이 '행복하고 존엄'하길 진심으로 바라며 아이에게 물어보세요. "가장 기분 좋은 칭찬은?"

4장

스스로 글을
쓰게 만드는 3가지 질문

묻고 답하면 되지, 왜 꼭 글을 써야 할까?

아이들이 글쓰기를 싫어하는 이유

말로 해도 되는 걸 왜 굳이 왜 글로 써야 할까요? 글을 써야 하는 이유에 대해 묻는 아이들을 종종 만납니다. 아마도 아이들이 가장 두려워하는 숙제는 글쓰기일 겁니다. 우리 아이도 유독 저와 함께 하는 활동 중 글쓰기를 제일 힘들어했습니다.

다음은 아이와 글을 쓰기 시작할 때, 아이와 나누었던 대화입니다.

아이	엄마, 난 엄마랑 얘기하면 다 해결돼요. 마음도 편해지고, 어떻게 해야 할지 정리도 돼요. 그런데 왜 꼭 그걸 글로 써야 해요?
엄마	엄마는 네가 생각을 잘하는 현명한 사람이 됐으면 좋겠어. 그래서 그래.
아이	글을 쓰는 게 생각하는 거랑 무슨 상관이에요?
엄마	일기를 쓸 때 "뭘 했지? 왜 그랬지? 그다음엔 무슨 일이 있었지? 내 기분은 어땠지?" 하고 엄마가 계속 물어보잖아. 왜 자꾸 물어보는 것 같아?
아이	아뇨. 생각해보라고요. 엄마가 질문을 들으면 예전에는 생각을 아예 안 해봤거나, 잊고 있었던 게 생각나요. 그래서 일기를 금방 쓸 수 있어요.
엄마	맞아. 그냥 우연히 좋은 글감이 떠오른 게 아니라 네가 답을 찾으려고 생각을 한 열심히 한 덕분이야.
아이	아, 그런가?
엄마	응. 글쓰기는 원래 질문하고, 답을 찾기 위해 골똘히 생각한 내용을 글로 옮기는 과정이거든.
아이	그러니까요. 그걸 그냥 말로 하면 되지 왜 글로 쓰냐고요? 엄마가 질문하고, 나는 답하면 되잖아요.
엄마	엄마가 언제나 네 옆에서 글쓰기를 도와줄 수는 없어. 그리고 글쓰기를 할 때 말고는 스스로 묻고 답할 기회가 별로 없단 말이야. 평소에 ○○는 스스로 묻고 답하는 말을 많이 하니?
아이	아뇨.
엄마	그래. 엄마도 글을 쓸 때를 제외하고는 깊게 생각할 기회가 없어. 평소에 우리가 자주 하는 질문이라고는 "오늘 뭐 먹지?", "기분이 어때?", "학

교에서 재미있었니?” 정도잖아. 엄마는 우리 ○○가 생각이 깊은 사람이 됐으면 좋겠어. 그래서 너랑 같이 스스로 질문하고 답하면서 생각을 많이 해야 하는 글쓰기를 하는 거야.

아이   후휴~ 생각을 많이 하면 머리 아픈데.

엄마   하하하. 오늘은 유난히 글을 쓰기가 싫은 모양이네. 그럼 오늘은 엄마가 ○○가 하는 말을 대신 받아 써줄까?

아이   오, 좋아요.

글쓰기는 힘듭니다. 고도로 복잡한 사고 과정과 문제 해결 과정이 필요한 활동이기 때문입니다.[1] 문제 해결 과정은 질문하고 답하는 일입니다. 글쓰기가 얼마나 다양하고 복잡한 생각을 거쳐야 하는 활동인지는 굳이 이를 뒷받침하는 수많은 연구를 살펴보지 않더라도, 4가지 언어 기능 – 듣기, 말하기, 읽기, 쓰기 – 중 글쓰기가 가장 어렵다는 건 어린 아이들도 압니다. 아이들에겐 연필을 들고 아직 여물지 않은 손가락 근육을 사용해서 글씨를 써야 하는 것부터 힘듭니다.

끊임없이 생각하고, 생각한 내용을 ‘말이 되게’, 즉 문법과 논리에 맞게 써야 하니 글쓰기는 에너지가 많이 소모되는 작업임이 틀림없습니다. 이렇게 글쓰기가 힘드니, 아이들이 스스로 글을 쓰려고 하지 않는 건 어쩌면 당연합니다. 평생 대기업 회장과 대통령의 글을 썼던 강원국 작가도 자신의 글을 쓰기 시작하기까지 20일이 넘게 걸렸다니 말입니다. 강원국 작가는 “글쓰기를 힘들어하는 이유도 질문을 주저하는 우리 사회의 분위기와 무관하지 않다. 글쓰기는 스스로 묻고 답하는 과정이기 때문이다."[2]라고 했습니다. 정말 글쓰기는 자신에게 질문을 던지고, 또 스스로 답을 구해서 문자로 남기는 과정입니다. 아이들은 스스로 질문하기가 어려우므로, 질문하는 방법을 알려주고 함께 생각해야 합니다.

질문이 이어지면 글이 완성된다

"일기 쓰기가 아이 숙제인지 엄마 숙제인지 모르겠어요."

"글 한 번 쓰려면 진짜 치사하게 얼마나 비위를 맞춰야 하는지 몰라요. 윽박지르는 것도 하루 이틀이죠."

글쓰기 강의에서 빠지지 않고 듣게 되는 학부모의 하소연입니다. 저도 우리 아이와 글을 쓸 땐 다른 학부모와 똑같은 느낌입니다. 아이를 어르고 달래다 못해 제가 아이의 말을 받아쓸 때도 많습니다. 유명 연예인을 만나 인터뷰를 하는 것처럼 질문하고, 아이가 말하는 것을 받아 씁니다. 글쓰기를 유난히 싫어하는 아이와 글을 써야 할 때 아이의 말을 받아쓰는 방법을 추천하고 싶습니다. 평소엔 엄마가 바빠서 제대로 자기 말을 잘 듣지 않는데, 글을 쓸 때는 엄마가 귀 기울여 듣고, 거기에 자기가 한 말을 받아쓰기까지 하니 좋아합니다. "○○씨를 만나 정말 영광입니다. 오늘 받아쓰기 시험을 100점을 맞았다던데요, 기분이 어떤가요?" 하는 식으로 아이를 좀 띄워주기도 하면서 말입니다. 엄마가 내 말을 경청하고, 내가 한 말이 그대로 글이 되는 경험을 하면, 글쓰기가 그렇게 어렵지만은 않다고 생각하게 됩니다.

아이와 일기를 쓰는 상황을 생각해보세요. 일기를 쓰려고 아이와 책상에 앉자마자 가장 먼저 하는 일은 무엇인가요? 저는 보통 아이에게 "우리 뭐 쓸까?"하고 묻습니다. 일기 주제가 정해지고 나서도 일기를 완성하려면 "뭘 했는데? 느낌이 어땠어? 무슨 생각이 들었어? 이제 뭘 하고 싶어?" 하고 계속 질문을 합니다. 그래서 어떨 때는 경찰이 용의자를 심문하는 것처럼 아이에게 계속 질문을 하고 있다는 생각에 속으로 웃음이 날 때가 많습니다.

"이 책은 무슨 내용이야?", "주인공은 이때 왜 이랬을까?", "어떤 내용이 인상 깊었어?", "왜 인상 깊었는데?" 등 독서감상문 한 편을 완성할 때도 많은 질문을 하고, 답을 찾아야 합니다. 기행문을 쓰려고 해도 "어디에 갔었지?", "거기에서 무엇을 보고, 느꼈지?" 등의 질문이 이어집니다. 아이들이 쓰는 글뿐 아니라 우리가 쓰는 각종 보고서, 계획서, 논문은 모두 "무엇을 하려고 하는가?", "그것이 필요한 이유는 무엇인가?", "어떻게 이러한 결과가 나왔는가?", "왜 그러한 생각을 하게 됐는가?"에 관한 답을 논리적으로 엮은 글입니다.

아이의 마음과 생각을 길어내기 위해 질문을 해보세요. 그리고 아이의 말을 귀 기울여 잘 들어보세요. 아이의 입에서 얼마나 기특하고 놀라운 말이 튀어나오는지 확인해보세요. 그리고 그 말을 적어서 아이에게 보여주세요. 멋진 글 한 편이 완성되었을 테니까요.

"어떻게 해야
너처럼 잘할 수 있는데?"

잘하는 것을 말하게 유도하기

글쓰기 지도에서 가장 중요하고도 어려운 건 아이가 글을 쓸 마음을 먹게 만드는 겁니다. 말하고 싶어서 입이 근질근질한 주제를 찾으면, 특별한 노력을 기울이지 않아도 아이들이 앞다투어 말합니다. 글도 그렇습니다. 자기가 할 말이 많은 주제, 하고 싶은 말이 있는 주제를 찾으면 글쓰기를 쉽게 시작할 수 있습니다. 특히 "어떻게 해야 너처럼 잘할 수 있는데?"는 아이의 글쓰기 동기를 높여주는 질문이면서, 알고 있는 내용을 효과적으로 정리할 기회를 주는 질문이기도 합니다.

우리 반의 한 학생은 연필 잡는 것부터 싫어했습니다. 교과서에 몇 글자 쓰는 것도 싫어해서 글쓰기를 지도하는 데 애를 먹었습니다. 그 아이가 글쓰기를 싫어하는 건 우리 반 학생 모두가 알 정도였으니까요. 밤 늦게까지 스마트폰 게임을 해서 수시로 엎어져 자는 날이 많았습니다. 그런 아이가 신나게 글을 쓴 날이 있습니다. 평소엔 짧은 글을 쓰는 것도 싫어했던 아이가 스스로, 그것도 제법 긴 글을 쓸 수 있었던 원인은 '나만의 비법'이라는 글쓰기 주제에 있었습니다.

선생님 지금 설명하는 글을 쓰는 시간이야.

학생 저 글 못 쓰는 거 아시잖아요.

선생님 아니, 난 네가 글을 못 쓴다고 생각하지 않아. 쓸 마음을 안 먹는 거지.

학생 아니에요. 저는 못써요.

선생님 오늘 글쓰기 주제가 '나만의 비법'이거든. 네가 잘하는 거나 좋아하는 건 뭐야?

학생 없어요.

선생님 참, 너 종이접기 잘하잖아. 지난번 미술 시간에 보니 만들기도 잘하던데?

학생 그게 무슨 비법이에요.

선생님 종이접기를 못 하는 친구도 많아.

학생 종이접기 비법은 몰라요. 못써요.

선생님 참, 너 지난번에 게임하느라 늦게 자서 졸린다면서 쉬는 시간에 책상에 엎드려 잤잖아? 그 게임 잘해?

학생　그럼요. 제가 제법 숙련도가 높거든요! 아마 우리 반에서 제가 제일 높을 걸요?

선생님　오~ 그래? 그 게임은 어떻게 해야 너처럼 잘할 수 있는데?

학생　일단…….

자기가 잘 아는 내용을 말할 때 아이의 눈이 반짝였습니다. 평소에는 한 줄도 쓰기 어려워하는 아이가 이날은 한쪽을 꽉 채워 썼습니다. 아이가 설명한 게임을 좋아하는 반 친구들이 많아서, 아이가 쓴 글을 아이들이 돌려보기도 했습니다. 이후로 글쓰기를 싫어했던 이 아이는 "선생님, 제가 공책 한쪽을 꽉 다 채워 쓴 적도 있지요?"하고 종종 얘기하곤 했습니다. 글 한 편을 완성한 일이 이 아이에겐 기분 좋은 경험이었겠지요.

아이의 관심 분야가 곧 글의 주제이다

아이들은 저마다 잘하거나 잘 아는 분야가 있습니다. '나는 잘하는 게 없다.'며 고민하는 아이도 찬찬히 살펴보면 잘하는 일이 꼭 있습니다. 종이접기, 딱지치기, 양보하기, 이 잘 닦기 등 사소한 일이라도 아이가 잘하는 것이 무엇인지 같이 찾아보세요. 꼭 글쓰기를 전제로 잘하는 일을 생각해보지 않아도 됩니다. 아이를 진심으로 칭찬하기 위해서라도 아이가 잘하는 일을 함께 찾아보세요.

하루는 우리 아이와 함께 일기를 쓰려고 앉았는데, 아이가 일기 주제를 좀처럼 찾지 못했습니다. 얘는 언제 자기가 알아서 일기를 척척 쓸까 하는 생각이 들어 짜증이 밀려왔습니다. 그러다 문득 우리 반 학생들은 사소한 거라도 잘하는 일을 찾아 칭찬해주는데, 우리 아이는 부족한 면만 지적했다는 걸 깨달았습니다. 그리고 일기 주제를 아이가 잘하는 일로 정하고, 칭찬해야겠다고 마음먹었습니다.

아이에게 잘하는 것이 무엇인지 물어보니 아이는 한참을 고민하다가 "엄마, 선생님이 저보고 일기 잘 쓴대요. 그리고 오늘 국어 시간에 일기 쓰는 법을 배워서 더 잘 쓸 수 있을 거 같아요." 하며 수줍게 이야기를 꺼냈습니다. 칭찬에 인색한 엄마를 대신해서 아이를 칭찬해주신 담임 선생님께 감사했습니다.

"일기 쓰기가 귀찮고 힘들 텐데, 엄마랑 함께 일주일에 두 번씩 꼬박꼬박 일기를 쓴 네가 정말 자랑스럽구나. 그렇게 일기를 성실하게 쓴 덕분에 선생님이 알아보실 정도로 글 쓰는 능력이 쑥쑥 자라났나 봐." 하고 칭찬했습니다. 금세 아이의 표정이 밝아지고 어깨가 넓어졌습니다.

"어떻게 하면 너처럼 일기를 잘 쓸 수 있어?"라는 물음에 아이는 웃으며 일기를 쓰기 시작했습니다. 평소엔 제가 옆에서 쓸 내용이 생각나게 도와주는데, 이날은 혼자 쑥쑥 써 내려갔습니다. '내가 잘하는 일'에

○○○○ 년 ♡♡ 월 ☆☆ 일

제목 : 일기를 잘 쓰는 법

1. 언제, 어디서, 누구와 무엇을 했는지 쓴다.

2. 날씨를 자세히 쓴다. 날씨를 떠올리면 그날의 기억이

   생생하게 날 때가 많다.

3. 내 생각과 느낌을 쓴다. 그때 잘 몰랐던 내 마음을

   일기로 쓰면서 알게 되기도 한다.

4. 일기를 쓴 일 중 중요한 내용을 제목으로 쓴다.

관한 글이니까, 글도 잘 쓸 수 있다면서요. 아이는 '일기를 잘 쓰는 법'에 관한 일기를 쓰면서, 자기가 잘하는 일을 찾았고, 그 일을 어떻게 하면 잘할 수 있는지를 정리했습니다.

"어떻게 하면 너처럼 잘할 수 있어?"라는 질문에 아이가 답을 쓰는 과정은 백지 학습법과 비슷합니다. '백지 인출법'이라고도 불리는 백지 학습법은 아는 내용을 백지에 쓰는 활동으로, 학습 전문가들이 입을 모아 공부 끝판왕이라고 소개하는 학습 방법입니다. 교과서나 참고서 없이 알고 있는 내용을 백지에 써야 하므로, 자기가 무엇을 알고 모르는지를 확실히 확인할 수 있습니다. 내용을 유목화해야 뇌에 마구 엉켜 있는 지식을 제대로 '인출'할 수 있겠지요. 내용에 따라 효과적으로 설명하는 방법이 다르므로, 자기가 잘 아는 것을 어떻게 쓸지 고민하는 과정은 개념의 틀을 짜는 일과 같습니다. 아는 내용을 쓰는 활동은 글쓰기 실력은 물론 학습하는 방법을 습득하는 좋은 방법입니다.

이 질문은 아이가 자신을 존중하고 사랑하는 마음을 갖게 합니다. 자신이 잘 아는 내용을 쓰면 아이의 자존감도 높아집니다. 아이의 자아존중감을 높이는 가장 중요한 요인은 '성취감'입니다.[3] 작은 일이라도 해냈다는 성공감을 반복해서 느끼면, 자아효능감이 높아집니다. 허규형 정신과전문의는 EBS 교육저널에서 "자기가 하는 일에 흥미를 느끼지 못하고 보상받지 못할 때, 번아웃 증후군, 우울·공황 증상이 올 수 있다."며 안타까워했습니다. 정신건강과 의사로서 치료를 위해 약물 처방도 내리고 있지만, "내담자에게 잘하는 일, 흥미를 느끼는 일에 관해 질문을 하여 스스로 답을 찾도록 도와주는 것이 치료의 가장 큰 부분"이라고 했습니다. 내가 잘하는 일이 무엇인지 확실히 알고, 나만의 비법을 정리하여 글로 나타내면 성취감과 자신감을 느낄 수 있습니다.

"어떻게 해야 너처럼 잘할 수 있는데?"

"어떻게 그 일을 잘하게 됐어?"

아이의 일상을 눈여겨 살펴보세요. 잘하는 일이 무엇인지 찾아내보세요. 양말 짝 찾아서 잘 신기, 스스로 옷 갈아입기 등 사소한 일이라도 찾아서 구체적으로 칭찬해주세요. 그리고 아이에게 물어보세요. 글쓰기 실력과 함께 아이의 자존감도, 아이와의 관계도 좋아집니다.

"지금 한 말을
그대로 글로 옮겨볼까?"

말한 것을 그대로 받아쓰기

저는 우리 반 학생들에게 글쓰기는 '말을 얼른 붙잡아 그대로 글로 옮기는 작업'이라고 입버릇처럼 말합니다. 좋은 말이 공기 중으로 흩어져서 없어지기 전에 얼른 글자로 붙잡아 종이에 옮겨 놓는 것이 글쓰기라고요. 그럼 더 많은 사람과 나눌 수 있고, 오랫동안 간직할 수 있다고 얘기합니다.

아이들이 글을 못 쓰겠다고 하소연할 때마다 저는 "말을 그대로 옮겨 쓰면 돼. 말을 해보고, 안되면 선생님한테 와. 네가 하는 말로 글 한 편을 완성하는 걸 직접 보여 줄게!" 하고 말합니다. 아이들은 못 믿겠다는 듯 "제가 하는 말을 그대로 옮겨 쓰라고요?"하고 눈을 동그랗게 뜹니다. 어떻게 말해야 할지도 막막한 거죠. 바로 이때가 질문이 필요합니다. 한두 마디 질문만 툭 던지면 아이의 입에서 재미난 말이 나옵니다. 어른은 생각하지도 못한 기발한 아이디어가 튀어나오기도 합니다. 그럼 저는 "맞아. 금방 네가 말한 걸 그대로 쓰면 돼!"라고 외칩니다.

요즘 TV나 SNS에서 음식 이야기가 빠지지 않고 나옵니다. 음식에 관한 예능 프로그램이 주류를 이루고, 일명 먹방 유튜버가 명성을 얻는 걸 보면 음식은 너도나도 관심이 있는 주제임이 틀림없습니다. 음식이 할 말이 많은 주제임에도 불구하고, 아이들이 쓴 글을 보면 '맛있었다.', '또 먹고 싶다.'가 전부입니다. 어른도 아이들과 크게 다르지 않습니다. SNS에서도 흔히 '#JMT'로 태그를 걸고 끝내버리죠. JMT는 신조어로 매우 맛이 좋다는 뜻인데요. 짧아서 읽기 편하긴 하지만 정작 JMT가 뭔지 모르는 사람도 많습니다. 듣기 아름다운가요? 어떤 맛인지 이해하기 쉬운가요?

한 번은 우리 아이와 좋아하는 음식에 관해 글을 쓴 적이 있습니다. 20년 가까이 아이들의 글을 읽으면서 음식에 관한 글을 많이 접했지만, 대부분이 "맛있었다.", "또 먹고 싶다."가 전부였습니다. 제 아이도 다르지 않겠다 싶어 글을 잘 쓸 거란 기대는 접고, 대화에 집중했습니다.

아이	오늘 막창 먹으러 간 걸 일기로 쓸래요.
엄마	알았어. ○○는 막창이 맛있어?
아이	당연하죠.
엄마	소고기보다 더 좋아?
아이	네!
엄마	무슨 맛이 나는데 그렇게 좋아?
아이	아, 지금도 막창을 생각하면 침이 고인다니까요.
엄마	그 표현 진짜 멋지다. "지금도 막창을 생각하면 침이 고인다." 요거 그대로 쓰면 되겠어. 엄마가 잠깐 메모해둘게. 정말 멋진 표현이라 잊어버리면 안 되니까.
아이	그러면 되는 거예요? 하하~ 알았어요.
엄마	그나저나 무슨 맛이 나는데? 궁금해.
아이	다양한 맛이 나요! 일단 넣는 순간 뜨겁지만 바삭해요. 씹으면 쫄깃하고, 고소하고, 좀 짭짤한 맛도 나고, 불맛도 나요. 막창은 내 입을 막 움직이게 만들어요.
엄마	우와. 그렇게 막창에 다양한 맛이 있는 줄 몰랐어. ○○ 말 들으니까 진짜 그렇네!

제목 : 막창은 먹어도 먹어도 맛있어!

오늘은 오랜만에 막창을 먹으러 갔다.

막창을 굽는 냄새에 침이 꼴깍 넘어갔다.

일기를 쓰는 지금도 입에 침이 고이고 막창 맛이 난다.

막창은 냄새도 쫄깃쫄깃하다.

아빠가 노릇노릇 구워 내 접시에 놓아주시면

나는 쌈장을 듬뿍 찍어 입에 허겁지겁 넣는다.

그러면 막창이 저절로 입을 움직이게 만든다.

바삭, 쫄깃쫄깃, 고소, 짭짤, 적당한 불맛이

나를 막창으로 손이 자꾸 가게 한다.

막창은 나의 힘이다.

아이의 입에서 나온 말을 그대로 옮기니 일기 한 편이 완성됐습니다. 화려한 수식어는 없지만, 아이가 어떻게 막창의 맛을 느끼는지, 막창을 얼마나 좋아하는지를 금방 알 수 있습니다.

말을 그대로 쓰면 글이 완성되는 경험은 글쓰기 시간뿐 아니라 다른 교과목을 공부할 때도 도움이 됩니다. 학생들이 가장 싫어하는 수학 문제는 "어떻게 알아보았는지 설명하시오."입니다. 하지만 선생님이 몇 마디만 거들어주면 아이들은 금방 답을 써냅니다. "아는데 설명을 못 하겠다."라고 하는 학생들이 많은데, 그건 그냥 알고 있다고 착각하는 겁니다. 말로 설명할 줄 아는 지식이 진짜 지식입니다. 말로 설명하지 못하는 문제는 정확히 모르는 겁니다. 자신이 모른다는 사실을 아는 것이 공부의 시작이므로, "으이구, 못살아. 배운 걸 왜 몰라."로 시작하지 마시고 차근차근 알려주세요. '나는 모른다.'고 인지하는 것이 공부의 시작점인데, 이를 두려워하면 아이들은 배움을 두려워합니다.

학생들	선생님, 짜증 나요! 이 문제 또 등장!
선생님	설명하라는 문제 말하는 거지?
학생들	네! 그냥 딱 보면 답이 나오는데 뭘 설명하라는 거예요?
선생님	문제를 읽어봐.
학생들	'$\frac{1}{10}$ 과 0.1이 같은 이유를 설명하시오.' 아 놔~! 그냥 같아서 같다고 하는데 왜 같은 거냐고 묻는 건 뭐예요?
선생님	선생님이 분수랑 소수를 모르는 네 동생이라고 생각하고 설명해봐. 네 설

명을 그대~로 쓰면 답이야.

학생1 잘 들어보세요. $\frac{1}{10}$은 1을 10등분 한 조각 중 1개예요.

선생님 등분이 뭐야?

학생2 똑같이 나눴다는 거예요. 자, 다시. $\frac{1}{10}$은 1을 10으로 똑같이 나눈 것 중에 1이라는 뜻이에요.

선생님 알았어! 그럼 0.1은?

학생3 0.1도 1을 10으로 똑같이 나눈 것 중에 1이에요.

학생들 $\frac{1}{10}$은 1을 10개로 똑같이 나눈 것 중 1이고, 0.1도 1을 10으로 똑같이 나눈 것 중 1이므로 $\frac{1}{10}$과 0.1은 같아요.

선생님 딩동댕~ 지금 한 말을 그대로 쓰면 완벽한 답이야. 잘 못쓰겠으면 선생님한테 오세요!

저와 대화를 마친 아이들은 자신의 말을 그대로 옮겨 썼습니다. 자기가 말한 내용이 정답이라고 하니 신기해했습니다. 아이들은 정확히 설명할 수 있으면 글도 쓸 수 있다는 것을 체험했습니다.

아이가 글을 쓰기 어려워하면 우선 아이의 말문을 열 수 있는 질문을 해보세요. 아이와의 대화를 녹음했다가 들으면서 받아 쓰는 방법도 추천합니다. 아이의 말문이 열리면 글도 금방 쓸 수 있습니다. 말이 그대로 글이 되는 경험은 아이가 글쓰기에 가까워지는 최고의 경험입니다.

글쓰기 좋은 질문 ❸
"뭘 하고 싶니?"

다른 사람에게 바라는 것을 설득하게 하기

초등학교 1학년 담임이었을 때의 일입니다. 아이들은 점심시간에 운동장에 나가 노는 것이 큰 낙이었습니다. 코로나19가 있기 전이라, 운동장 놀이를 할 수 있는지를 결정하는 건 미세먼지였습니다. 미세먼지가 보통 이하인 날만 나가놀 수 있었으니까요. 그런데 노는데 정신이 팔려서 수업에 늦게 들어오는 아이도 하나둘씩 생기고, 뛰어놀다가 다치거나 친구와 싸우는 아이도 종종 있었습니다. 하루는 칠판에 이런 글을 썼습니다.

"오늘은 운동장에 나가서 놀 수 없습니다. 왜냐하면 늦게 들어오는 친구들이 있어서 수업에 방해가 되고, 싸우는 어린이들도 많아서 걱정되기 때문입니다. 더구나 운동장에서 놀다가 다치는 아이들도 많아서 부모님도 염려를 많이 하십니다. 선생님은 우리 반 학생이 운동장에 나가서 놀면 안 된다고 생각합니다."

아이들은 세상을 다 잃은 표정으로 나가서 놀게 해달라고 애원했습니다. 전날 싸운 아이들이 있어서 하루만이라도 운동장 놀이를 못 하게 하려고 굳게 마음을 먹었었는데, 아이들의 실망한 표정을 보니 마음이 흔들렸습니다. '오전 내내 딱딱한 의자에 앉아 있는 8살 아이들이 뛰어놀 수 있는 점심시간을 얼마나 학수고대할꼬……'하는 생각이 들었습니다. 그래도 일단 뱉어 놓은 말이 있으니, 어찌해야 할까 고민하다가 선생님을 설득하는 글을 써보라고 했습니다.

아이들은 재빨리 공책을 꺼내어 글을 쓰기 시작했습니다. 평소 글쓰기 공책을 꺼내라고 하면 한숨부터 쉬는 아이들인데, 이날은 누가 먼저랄 것 없이 정신없이 공책을 펴서 글을 쓰기 시작했습니다. 그렇게 한 명도 빠짐없이 집중해서 글을 쓰는 모습이 참 낯설었습니다. 글을 쓸 때마다 저에게 와서 대신 써달라고 했던 아이도 열심히 썼습니다. 아직 한글을 익히고 있는 아이들이니 맞춤법도, 띄어쓰기도 많이 틀렸지만, 한 문장 쓰기도 어려워하던 아이들이 공책 한쪽을 제법 채워 쓴 것이 신기했습니다.

제목 : 운동장에 나가서 놀면 안 돼요?

학교에서 놀 시간이 별로 많지 않아요.

집에서는 공부해야 하니까요.

공부를 다하면 엄마가 자라고 한단 말이예요.

OO는 운동장에서 놀고 싶어요.

약속도 지키고 위험하게 안 놀게요.

운동장에서 줄넘기를 해야 줄넘기 실력이 늘고요.

우리집에서 줄넘기를 할 시간이 없어요.

토요일에는 영어학원 튜터링이 있어서

줄넘기를 할 시간이 없고

일요일에는 아빠, 엄마가 늦잠을 자요.

제발 운동장에 가게 해주세요.

운동장에서 놀고 싶은 아이들의 간절함이 글에 고스란히 담겼습니다. 고심하며 지웠다 다시 쓴 흔적이 귀여웠습니다. 결국, 아이들의 글에 설득당한 저는 칠판에 써 놓은 글을 지웠습니다. 아이들은 "글을 잘 쓰니까 이런 좋은 일도 생긴다."며 우다다다 신나게 운동장으로 뛰어나갔습니다. 글쓰기로 얻은 소중한 운동장 놀이가 1학년 꼬꼬마 아이들에게 더 즐거웠기를, 그래서 '글쓰기 덕분에 기분 좋은 날도 있었지!' 하고 느꼈길 바라봅니다.

'운동장에 나가서 놀고 싶어요. 왜냐면요…'로 시작한 글에서는 아이들의 소극적인 모습이 보이지 않았습니다. 학교에 갓 입학한 아이들은 소소한 것까지 질문을 많이 합니다. "선생님, 화장실 가도 돼요?", "바탕색 안 칠해도 돼요?", "그림 그려도 돼요?", "이 책 읽어도 돼요?"……1학년 아이들은 3살 아이처럼 하나부터 열까지 묻습니다. 아이들은 집에서도 결정을 내릴 때 부모에게 질문을 많이 합니다. 무슨 옷을 입을지, 책은 어디에 꽂을지, 밥을 남겨도 되는지 등등 어른이 보기엔 뭐 그런 것까지 물어보나 의아할 정도로 많이 묻습니다. 그런데 운동장에서 놀고 싶다는 글을 쓸 땐 이렇게 해도 되냐는 질문을 하지 않았습니다. 하고 싶은 일도, 하고 싶은 이유도 야무지게 썼습니다.

아이가 하고 싶은 일이 무엇인지 묻고 쓰게 도움 주기

하고 싶은 일이 무엇인지 쓰는 일은 자율감과 주도성을 발전시키는 좋은 방법입니다. 목표했던 일을 성취할 때 근면성과 같은 긍정적인 자아 개념이 형성됩니다. 발달심리학자 에릭슨Erik Homburger Erikson은 나이에 따라 완수해야 할 사회 심리 발달 과업을 표와 같이 정리하였습니다. 발달심리학자는 자녀의 발달 정도에 따라 부모의 역할도 달라져야 한다고 말합니다.

연 령	발달 과업	부모의 역할
영아기(0~1세)	신뢰감 대 불신감	보육자
유아기(1~3세)	자율감 대 수치감	양육자
학령전기(3~7세)	주도감 대 죄책감	훈육자
학령기(7~12세)	근면감 대 열등감	격려자
청소년기(12~18세)	정체감 대 역할혼동	상담자
성인기(18세 이상)	친밀감 대 고립감	동반자

※출처 : EBS 교육저널(2019. 2. 18.), 심리학 용어사전

유아기부터 학령기까지의 발달 과업은 각각 자율성, 주도성, 근면성입니다. 잘 살펴보면 발달 과업은 모두 아이 스스로 무엇인가를 해내는 일과 관련이 있습니다. 스스로 하는 일이 유아기에는 배변 훈련, 학

령전기에는 하고 싶은 일, 학령기에는 학습으로 달라질 뿐, 나이에 맞는 성취 경험은 발달 과업을 이루는 데 결정적인 역할을 합니다.

유아기에는 배변을 포함하여 자기 마음대로 몸을 움직여 세상을 탐색하는 경험으로 자율성을 획득합니다. 과잉보호나 방임으로 인해 새로운 것을 탐색할 기회를 얻지 못할 때, 지나치게 엄격한 배변 훈련이나 사소한 실수에 관한 벌을 받게 될 때 '나는 혼자 할 수 있는 것이 없는 사람'이라는 수치심과 회의감을 느낍니다.

학령전기에는 유아기에 획득한 자율성을 토대로 좀 더 넓어진 사회적 활동 범위 안에서 주변을 탐색합니다. 할 수 있는 일인지 아닌지 보지도 않고 무조건 자기가 한다고 우기는 때이기도 하죠. 이 시기의 아이들은 하고자 한 일을 해내는 경험을 통해 주도성을 획득합니다. 어른이 아이의 주도성을 비난하거나 질책하면 아이들은 위축되고, '내가 또 잘못했구나.'하는 죄책감을 느끼게 됩니다.

학령기에는 학교에서 보내는 시간이 많아지면서 학습자로서의 성취감이 긍정적인 자아 개념 발달로 이어집니다. '난 잘 배우고, 앞으로도 잘 해낼 수 있는 사람'이라는 근면성이 형성되는 시기인 반면, 실패 경험이 많으면 열등감에 휩싸일 수도 있는 시기입니다. 에릭슨은 열등감이 동기를 부여할 수 있지만, 지나친 열등감은 처음 시작하는 사회생활인 학교에 적응하는 데 좋지 않으며, 학령기에 획득하는 근면성이 학업은 물론 앞으로의 인간관계 등 생활 전반의 자아 개념을 형성하는 데 큰 영향을 미친다고 하였습니다.[4]

학령기에 형성된 근면성은 청소년기의 정체성 향상과 깊은 관계가 있습니다. 정체감은 자신이 누구인지, 자신이 좋아하거나 잘하는 것이 무엇인지 등 자기 탐색을 통해 형성됩니다. 자율성, 주도성, 근면성의 발달 과업을 착실히 이룬 아이들은 자기 탐색을 자기 주도적으로 할 수 있기에 자아정체성을 찾기가 좀 더 쉽습니다. 2차 성징이 뚜렷하게 나타나고, 뇌 성장이 급격하게 일어나는 혼란 속에서도 부모와 형성된 신뢰감은 중심을 잡게 해줍니다.

발달 정도에 따라 차이가 있지만, 초등학생은 학령기에 해당합니다. 부모는 아이의 모습을 잘 관찰해서, 발달에 알맞은 역할을 해야 합니다. 부모의 역할은 아이가 성장하면서 보육자, 양육자, 훈육자, 격려자, 상담자, 동반자 순으로 달라집니다. 아이는 태어나는 순간부터 부모의 손을 떠날 준비를 하고, 부모의 역할은 자녀의 독립을 돕는 역할을 하는 겁니다.

그런데 요새 아이들은 학년이 올라갈수록 자기의 뜻보다 학원 일정에 따라 움직이고 있다는 생각이 듭니다. 우리 아이들만 봐도 부모 모두 직장에 다니는 탓에 오후 시간은 학원 시간표대로 움직입니다. 지시에 익숙한 아이는 자꾸 부모에게 의존하려 하니, 자율성과 근면성을 느끼기는 더 어렵습니다. 바쁜 일정 속에서도 짬이 날 때 뭘 하고 싶은지, 간식은 어떤 걸 먹고 싶은지 등 아이가 선택할 여지가 있는 일을 찾아서 '넌 뭘, 어떻게 하고 싶니?'하고 물어보세요. 일기 주제가 떠오르지 않을 때, 아이가 하고 싶은 일이 무엇인지, 왜 그 일을 하고 싶은지 써보게 하는 것도 좋습니다.

초등학생, 즉 학령기의 바람직한 부모 역할은 '격려자'입니다. 하고 싶은 일에 관한 질문은 글쓰기를 끌어내는 질문일 뿐 아니라 아이에게 자율성을 주는 질문입니다. '우리 부모님은 내가 원하는 일에 관심이 있다.'는 믿음을 주는 질문입니다. 아이가 하고 싶은 일이 무엇인지 묻고, 실천할 방법을 함께 고민하고, '격려자'로서 아이를 지원해 주세요. 1학년 아이들이 글을 써서 담임 선생님을 설득했다며 의기양양한 표정으로 운동장에 뛰어나갔던 것처럼, 이 글을 읽고 계신 부모님도 성취감으로 가득한 자녀의 표정을 보실 수 있었으면 좋겠습니다.

5장

지속 가능한 글쓰기를 위한
5가지 원칙

하루 1 질문 글쓰기로
생각하는 힘 기르기

지속적인 글쓰기가 아이의 인생을 변화시킨다

아이들이 하루 한 번 질문하고 글을 써야 하는 이유를 강원국 작가의 두 문장을 빌려 답하고 싶습니다.

"글쓰기는 묻고 답하는 과정입니다. … 사람은 묻는 만큼 생각합니다."[1]

생각하는 힘은 한 번에 자라나지 않습니다. 반복해서 근육을 사용해야 근육이 발달하듯, 생각을 자꾸 해야 생각하는 힘이 자라납니다. 습관이 된 일은 힘들지 않습니다. 제가 좋아하는 한 친구는 날마다 블로그에 글을 씁니다. 삶을 변화시키고 싶은 마음에 블로그에 100일 글쓰기를 도전했습니다. 처음엔 글쓰기가 힘들었다고 했습니다. 그 친구도 직장이 있고, 초등학교에 다니는 아이 둘을 키우고 있는 엄마이기에 일을 다 마치고 나면 11시가 훌쩍 넘는 날이 많습니다. 피곤해서 아무것도 하기 싫은 날도 있지만, 100일을 빠뜨리지 않고 쓰기로 했으니 한 줄이라도 쓰고 잠들었습니다. 그렇게 한 달이 지나자 일과를 마치면 자연스럽게 노트북 앞에 앉는 자신을 발견했다고 합니다. 좀처럼 글의 속도가 붙지 않았던 예전에 비하면 글이 술술 나오고, 주제도 다양해졌다며 수줍게 웃었습니다. "글쓰기 어렵지?" 하는 제 어리석은 물음에 "습관이 되니까 이젠 옛날보다 훨씬 덜 힘들어. 쓰다 보니 늘어."하고 현명하게 대답했습니다.

하루 3줄 글쓰기를 했던 우리 반 아이들도 똑같이 말했습니다. 초등학교 1학년 아이들이니 글쓰기가 얼마나 힘들었을까요. 날마다 글을 쓰게 하는 별난 선생님 때문에 한 시간도 넘게 끙끙대며 간신히 세 줄을 써내던 아이들이 시간이 지나면서 점점 시간이 완성하는 시간이 짧아졌습니다. 처음에는 한 시간 걸리던 하루 3줄 쓰기가 한 학기가 끝날 때쯤엔 15분도 채 걸리지 않았습니다. 하루는 반 아이들이 기특해서 "하루 3줄 쓰기 시작할 때가 생각나니? 한 시간도 넘게 걸려 썼었잖아."하니 아이들이 "네. 그땐 왜 그랬나 몰라요. 이젠 식은 죽 먹기죠!"하며 의기양양하게 답했습니다. 매일 글쓰기로 글쓰기 근육을 키운 아이들의 모습이었습니다.

저는 아이들이 스스로 묻고 생각하는 사람으로 자라게 돕고 싶어서 아이들과 글쓰기를 합니다. 자기 마음을 잘 이해하고 보듬을 수 있게 돕고 싶어서 날마다 글을 쓰게 합니다. 아무리 복잡한 감정, 어려운 일이라도 글을 쓸 땐 생각을 거듭해서 어법과 글의 흐름에 맞게 써야 합니다. 글을 쓰면 내가 알고 있는 것과 모르는 것을 분명히 알게 됩니다. 자기의 진짜 감정과 마주할 수 있습니다. 해야 할 일과 하지 말아야 할 일이 명확해집니다. 내 생각을 글로 확인할 수 있고, 다시 그 글에 담긴 생각을 곱씹을 수 있는 과정은 글쓰기를 통해서만 할 수 있는 소중한 경험입니다. 마음을 보듬고, 생각하는 일이 일상이 되길 바라는 마음으로, 그래서 아이들의 삶이 풍요로워지길 바라는 마음으로 글을 날마다 씁니다.

이제부터 제가 아이들과 글을 쓰면서 아이들에게 했던 질문을 몇 가지 소개해보려고 합니다. 우리 반 아이들을 지도했던 실제 사례들을 살펴보겠습니다.

글쓰기 원칙 ❶
공부보다
마음부터 챙긴다

공부머리도 중요하지만, 공부마음이 먼저이다

엄마   네 일기가 책으로 나오잖아. 너도 작가 소개를 써야 하거든. 친구들에게
        어떻게 하면 글쓰기를 잘할 수 있는지 얘기해줄래?

아이   '우리 엄마 같은 선생님을 만나세요.' 하면 되겠는데요?

엄마   하하하. 정말 그렇게 생각해? 고마워. 엄마가 어떻게 글쓰기를 가르쳐 줬
        는데?

아이   내 말을 잘 들어줬잖아요. 같이 엄청 재미있게 얘기하고. 그걸 그대로
        썼잖아요.

엄마	글쓰기는 안 어려웠어?
아이	뭐 좀 귀찮긴 해요. 그래도 가족이랑 얘기하면서 쓰는 거라 기분이 좋아요. 재미있고요.

올해 초, 저의 글쓰기 수업과 아이의 일기가 학습만화로 엮여 나왔습니다. 아이의 필명도 제 이름 옆에 쓰여서, 작가 소개 글도 쓰게 됐습니다. 글쓰기를 어려워하는 친구들에게 도움이 될만한 말을 해보라고 하니 '엄마 같은 선생님을 만나면 된다.'고 했습니다. 아이가 글쓰기를 싫어하지 않게 하려고 조심조심, 최선을 다해 재미있게 글쓰기를 해온 지난 4년이 아이의 한 마디로 보상받은 기분이었습니다. 새로운 책이 나오는 기쁨보다 우리 아이에게 좋은 글쓰기 선생님으로 인정받은 기쁨이 더 컸습니다.

우리 아이가 쓴 글을 읽은 사람들은 하나 같이 원래 글쓰기에 재능이 있는 아이라고 합니다. 저도 그랬으면 좋겠습니다. 하지만, 제 아이는 글솜씨가 없는 편이었습니다. 책을 너무 싫어해서 책을 스스로 들고 읽게 만드는 데 꼬박 4년이 걸렸습니다. 영어유치원을 다녔어도 그리 영어를 잘하지 못하는 걸 보면, 언어 능력은 보통인 것 같습니다. 아이가 언어 쪽에 크게 재능이 없다는 걸 알고, 욕심내지 않은 것이 엄마표 글쓰기 수업의 성공 요인입니다. 어차피 훌륭한 글을 쓸만한 재주는 없어 보여서, 글쓰기보다 대화에 더 많은 시간과 공을 들였습니다. 그러다 보니 아이가 글쓰기 수업을 싫어하지 않았고, 싫어하지 않은 덕에 날마다 한 줄이라도 글을 쓸 수 있었습니다. 그렇게 조금씩 생각과 느낌을 쓴 시간이 쌓여 글쓰기 실력이 됐습니다.

"학교에서 선생님이랑 글을 쓸 때는 재미있다는데, 저랑 같이 일기를 쓰자고 하면 도망가요. 집에서 글쓰기를 어떻게 가르쳐야 할까요?"

우리 반 학생의 어머니 한 분이 위와 같이 말씀하셨습니다. 집에서 일기를 어떻게 쓰냐고 여쭤보니, 처음엔 '잘 나가다가', 아이가 대강 쓴 글을 보니 '속에 천불이 나서' 몇 마디 했답니다. 그랬더니 이젠 엄마랑 얘기도 안 하려고 한다며 걱정하셨습니다. 글쓰기보다 아이와의 관계가 더 중요하다는 조언을 드렸지만, 아들 둘 엄마인 저도 어머니의 말에 공감합니다.

아이가 휘갈겨 쓴 글씨를 보면 나도 모르게 '글씨가 이게 뭐야!'라는 말이 목구멍까지 차오릅니다. 지우개를 들었다 놓았다 하며 엄마랑 같이 글을 쓴 게 몇 년인데 이것밖에 못 쓰냐고 말하고 싶은 걸 간신히 참습니다. 학부모님께 아이의 글이 아니라 마음에 집중하라고 조언하는 저도 글씨 때문에 아이를 혼낼 때가 많습니다. 잠든 아이를 쓰다듬으며 '좀 참을걸……'하고 후회하고, 다시 마음을 다잡고 아이와 대화를 나누며 글을 쓰는 과정을 반복하고 있습니다.

때때로 '나도 힘들고, 애도 힘들어 보이는데, 글쓰기를 그만둘까?' 하는 마음이 울컥울컥 올라옵니다. 학생들의 글을 읽으며 보람을 느끼면서도, '별나게 글쓰기를 강조하는 담임을 만나 애들이 이 고생이구나. 나도 목 터지게 글쓰기 가르치는 것도 힘들고……. 글쓰기 수업 그만할까?' 하고 자주 고민합니다.

하루는 생각다 못해 우리 반 학생들에게 선생님이랑 글쓰기 하는 게 힘든지 물었습니다. 아이들은 눈을 끔뻑이며 생각하더니, "글쓰기는 귀찮지만, 그래도 얘기하는 게 재미있으니 괜찮아요!" 하고 대답했습니다. 우리 아이에게는 괴로울 때가 언제인지 물었습니다. 괴로운 일에 엄마와의 글쓰기 수업이 들어가면 그만두려던 참이었죠. 그런데 글쓰기가 괴롭다는 말은 하지 않았습니다. 아이에게 행복할 때가 언제인지도 물어봤습니다. 들으나 마나 스마트폰으로 게임을 할 때가 가장 좋다고 말할 줄 알았는데, 아이는 망설이지 않고 '가족과 대화할 때' 가장 행복하다고 말했습니다.

조심스럽게 "엄마랑 얘기도 많이 하지만, 글도 같이 쓰잖아. 글쓰기는 힘들지?"하고 물었더니 아이는 우리 반 아이들과 똑같은 말을 했습니다. 글쓰기가 힘들 때도 있지만, 엄마랑 이야기하는 건 좋답니다. 평소엔 엄마가 바빠서 대화할 시간이 별로 없는데, 글을 쓸 때는 엄마가 자기 말을 잘 듣고, 받아쓰기까지 하니 더 신난다고요. 심심할 때 자기가 쓴 글을 읽으면서 '더 많이 써 놓을걸……'할 때가 많다고 했습니다. 자기가 예전에 쓴 글을 읽는 게 '꿀잼'이라면서 말입니다.

우리 아이도, 우리 반 학생도 '대화' 덕분에 글쓰기가 좋다고 하니 다행이라고 생각했지만, 저를 배려해서 좋아하는 척을 한 건 아닐까 하는 생각이 스멀스멀 올라왔습니다. 그래서 동료 선생님에게 도움을 요청하기로 했습니다. 제가 근무하는 학교에는 수업 나눔공동체가 있습니다. 나눔공동체는 이름만 조금씩 다를 뿐, 수업 개선을 위한 자율적인 협의회가 거의 모든 학교에 있는데요, 다른 사람에게 보여주기 위해 준비한 특별한 수업이 아닌, 평소 수업을 동료 교사끼리 서로 보여주고, 더 나은 수업을 위해 허심탄회하게 토의하는 모임입니다.

선생님들에게 우리 반 글쓰기 수업을 참관하면서 학생들의 모습을 자세히 살펴보고, 아이들이 힘들어하지는 않는지, 글쓰기가 아이들에게 도움이 되는지 솔직히 말해달라고 부탁했습니다. 배움도 없이 아이들을 괴롭히는 수업이라면 내가 아무리 좋아하는 수업이라도 하지 말아야겠다고 굳게 마음을 먹었습니다.

공개 수업 후, 떨리는 마음으로 수업 협의회에 참석했습니다. 저의 수업 짝으로서 더 유심히 반 학생을 살펴본 옆 반 선배 선생님은 "선생님과 친구들에게 한 마디라도 더 말하고 싶어서 입이 근질근질하고, 글을 쓰고 싶어서 들썩거리는 아이들의 모습이 신기했다."라고 말했습니다. 수석교사도 "선생님과 아이들의 마음이 서로 통하는 수업이니, 배움은 저절로 따라온다."며 저의 글쓰기 수업을 응원해주셨습니다. 다른 선배, 후배 선생님들은 "선생님과 학생, 학생과 학생끼리 자유롭게 이야기할 수 있는 분위기가 자칫 지루하고 딱딱할 수 있는 글쓰기 수업을 부드럽게 만들어 준 것 같다."고 입을 모았습니다.

저의 글쓰기 수업을 자화자찬하려고 경험을 들려드린 건 아닙니다. 글쓰기 수업에 자신이 있었다면, 수업을 할까 말까 고민조차 하지 않았겠지요. 글쓰기를 좋아하게 만드는 건 가르치는 사람이 얼마나 능력이 있느냐에 달려 있지 않다는 걸 알려드리고 싶어서 고심의 흔적을 나눈 겁니다. 아이들은 선생님, 친구들과의 대화 덕분에 글쓰기 수업을 좋아 했습니다. 글쓰기 수업 시간만큼은 아이의 말을 더 귀 기울여 듣고, 서로 비판하지 않는 분위기를 만들기 위해 최선을 다했습니다. 번듯한 글보다 솔직한 글을 칭찬했습니다. 그러다 보니 아이들은 글쓰기를 어려워하지 않고 자유롭게 글을 썼고, 글쓰기에 대한 긍정적인 태도가 글쓰기 실력으로 이어졌습니다.

언젠가부터 '공부머리'라는 말이 많이 들립니다. 제가 어렸을 때도 어른들이 '쟤는 공부머리가 있어/없어'라는 말을 자주 했지만, 그땐 '타고난 공부 재능'을 뜻하는 것으로 들렸습니다. 요즘의 '공부머리'는 '공부 역량'의 느낌으로 다가옵니다. '역량'이란 '어떤 일을 해낼 수 있는 힘'이므로 공부머리는 결국 '공부를 해낼 수 있는 힘'을 말합니다. 그런데 저는 20년 가까이 초등학생을 날마다 만나면서, 무언가를 할 힘을 내려면 마음이 준비되어야 한다는 걸 깨달았습니다.

'궁금하다', '재미있겠다', '이 정도는 해낼 수 있다', '내가 한 번에 잘 해내지 못하더라도 또 하면 된다', '선생님은 언제든 나를 비난하지 않고 도와줄 것이다' 등 흥미, 안정감, 자신감, 신뢰감이 바탕이 되어야 학습 목표에 더 잘 도달했습니다. 청소년소아정신과의사 노규식 박사는 "정서적으로 안정이 되지 않은 뇌는 항상 불안한 상태에 있고, 이때 나오는 22Hz 이상의 뇌파는 집중력을 방해하고 학습의 효율을 떨어뜨린다."[2]고 말합니다. 공부머리도 중요하지만, 공부마음이 먼저입니다. 아이가 공부를 해낼 수 있는 마음을 갖도록 돕기 위해 제가 사용한 방법은 아이의 마음에 집중하는 '대화'입니다.

1966년, 미국 정부는 학업 성취에 영향을 미치는 100여 개의 변인을 연구하기 위해 4,000개 학교 625,000명의 학생을 대상으로 방대한 사회과학연구를 시행했습니다. 1,300쪽이 넘는 이 연구 보고서는 연구를 수행한 존스 홉킨스 대학교 사회학과 교수 제임스 콜먼James Coleman의 이름을 따서 일명 '콜먼 보고서Coleman Report'[3]로 불리며, 50여 년이 지난 지금도 교육 격차에 관한 연구로 많이 인용됩니다. 콜먼 보고서와 그의 후속 연구에 따르면, 학업 성취에 가장 큰 영향을 미치는 요인은 '가정 내의 사회자본'입니다. '가정 내의 사회자본'이란 부모의 관심, 자녀와의 친밀도를 말합니다. 물적 자본(경제력), 인간 자본(지식, 기능)보다 부모의 관심과 자녀와의 친밀한 관계가 학업 성적에 더 큰 영향을 준다는 사실은 부모로서 눈여겨 볼만한 결과입니다.

부모와 자녀의 관계는 두뇌 발달에도 영향을 미칩니다. 호주 멜버른 대학교의 연구진은 12살 188명의 어린이의 뇌를 4년간 종단 연구 하였습니다. 따뜻하고 애정이 넘치는 어머니와 화를 잘 내고 자녀와 논쟁하는 어머니를 둔 아이들의 뇌 발달을 비교한 결과, 엄마와 관계가 돈독한 아이들의 슬픔과 불안의 비율은 낮아지고, 자제력은 향상되었습니다.[4] 서울지역 초등학생 235명의 자기주도학습 능력과 부모의 역할과의 관계를 조사한 연구에서는 부모가 자녀를 존중하면서 학습 정보와 조언을 제공한 경우, 자녀의 자율성과 자기 결정성이 발달하여 결국 자기주

도적 학습 능력이 발달한다는 결과를 얻었습니다.[5]

충청북도 청주 지역 540명의 초등학교 고학년 학생과 학부모를 연구한 논문에 의하면, 부모의 교육 지원 활동은 학생의 학습 동기는 물론 학습 습관과 높은 상관관계가 있습니다.[6] 서울, 경기 중학생 500명을 대상으로 한 연구에서도 부모가 자녀의 자율성을 격려하고 학업 정보를 제공하는 것이 자녀의 인지적 조절학습 전략에 긍정적인 역할을 한다고 밝혔습니다.[7]

아이와 부모와의 관계가 학습, 성격, 뇌 발달까지도 영향을 준다는 연구 결과는 수없이 많습니다. 아이의 정서가 중요한 건 알지만, 실천이 어렵습니다. 저도 우리 아이가 무엇이든 잘했으면 좋겠고, 잘 가르친다는 학원을 수소문해서 레벨 테스트도 보게 하는 보통 엄마입니다. 저 같은 보통 엄마가 아이와 대화할 때 큰 도움을 받은 책이 있습니다. 김윤나 작가님의 『말그릇』(카시오페아, 2017)입니다.

상대방의 말을 잘 듣는 것이 말을 잘하는 것보다 훨씬 중요하다는 건 알고 있었지만, 경청을 어떻게 해야 할지 잘 몰랐습니다. 그냥 아이의 말을 듣고 끄덕이면서, "그랬구나."하고 말하면 되는 줄로만 알았습니다. 김윤나 작가는 듣기의 기술을 3F로 정리했습니다. 주요 내용을 요약하고Fact, 감정을 확인하고Feeling, 알아주었으면 하는 핵심 메시지Focus를 발견하는 것이 진심을 끌어 올리는 3F 기술이었습니다. 아이와 저의 실제 대화를 3F로 설명해 보면 이렇습니다.

아이	오늘 축구를 해서 그런지 다리도 아프고 졸린데, 아직 학원 숙제를 다 못 했어요. 책가방도 못 챙겼고요. 아휴~~ 그런데 벌써 8시가 넘었네요.
엄마	오늘은 평소보다 많이 피곤해서 숙제하기 힘들구나? **(Fact-사실듣기)**
아이	맞아요.
엄마	에고, 막막하겠네. **(Feeling-감정 확인하기)**
아이	네. 진짜 막막해요. 짜증도 나고요.
엄마	숙제를 안 하고 쉬었으면 좋겠다는 말이지? **(Focus-핵심 메시지 발견하기)**
아이	네.
엄마	학교 숙제랑 학원 숙제는 엄마가 빼줄 수도 없고, 대신해 줄 수도 없는데, 어쩌지?
아이	오늘 학교 숙제는 없고, 학원 숙제는 다 해놨어요.
엄마	아, 그럼 엄마가 뭘 도와주면 되겠어?
아이	오늘 ○○○○ 읽고 요약하는 글쓰기 하루만 빼주시면 안 돼요?
엄마	음. 그래. 그럼 오늘은 요약하는 글쓰기 말고 말하기로 할까?
아이	네. 좋아요. 엄마, 고마워요!
엄마	응. 엄마가 최고지? 하하. 학교 가방부터 챙기고 시작해.

아이가 말하고자 하는 핵심을 찾아서 확인하고, 아이와 저의 감정을 정확한 낱말로 들려주기 위해 박성우 작가님의 『아홉 살 마음 사전』(창비, 2017)과 『아홉 살 느낌 사전』(창비, 2019)의 목차를 수시로 펼쳐 보았습니다. 제가 해줄 수 있는 일과 없는 일, 옳은 일과 옳지 않은 일을

명확히 알려주고, 흔들리지 않으려고 노력했습니다. 그렇게 하루하루 아이와 눈을 맞춰 대화한 결실은 아이의 멋진 글이나 높은 성적이 아니라 가족과 얘기할 때 가장 행복하다는 아이의 마음입니다.

옆집 아이가 몇 학년을 선행하고 있다고 할 때마다 조바심도 납니다. 우리 아이도 조금만 더 공부하면 유명한 학원에서 이 정도 수준의 반에서 공부할 수 있을 텐데 하는 욕심도 생깁니다. 그럴 때마다 우리 아이가 앞으로 살아가면서 힘들고 마음을 다쳤을 때, 기대고 싶은 사람이 부모였으면 좋겠다는 욕심을 더 키워봅니다. 자녀에게 공부를 시키지 말라는 게 아닙니다. 10살도 안 된 아이들이 '우리 아빠 엄마랑은 말이 안 통한다.'며 부모와의 대화를 포기하는 현실이 안타까울 뿐입니다. 자녀와 마음을 터놓고 대화하세요. 아이가 울면 꼬옥 안아 토닥이고, 아이가 웃으면 아이보다 더 밝게 함께 웃어 보세요. 아이가 잘못하면 고요하지만 단호하게 바른길을 알려주세요.

'아빠, 엄마는 네 말에 귀 기울일 거야. 너의 노력을 깎아내리지 않을 거야. 네가 힘들 땐 도와줄 거야.'라며 아이에게 신뢰감을 주세요. 글쓰기 수업의 첫 원칙은 글보다 아이의 마음을 보듬는 대화에 집중하는 겁니다. 저의 글쓰기 수업 원칙에 영감을 준 이오덕 선생님의 글쓰기 지도 목표를 나누고 싶습니다.

"글쓰기는 참으로 귀한 수단이다. 목표는 사람이고, 아이들이고, 아이들의 목숨이고, 그 목숨을 곱게 싱싱하게 피어나게 해주는 것이지, 글이 목표가 되어서는 결코 안 된다."[8]

글쓰기만
하지 않는다

글쓰기만 해서는 글을 잘 쓸 수 없다

'으잉? 글쓰기 수업인데 글쓰기만 하지 않는다고?'

'글쓰기 수업에서 글쓰기만 하지 않는다.'고 하면 다들 의아하게 쳐다봅니다. 아이들이 연필을 들고 뭔가를 써야 글쓰기 수업이라고 생각합니다. 아이들도 처음엔 글자를 쓰지 않으면 오늘은 왜 글쓰기 수업을 안 하냐고 물었습니다.

아기가 태어나서 말하고, 글자를 읽고, 글을 쓰게 되기까지의 과정을 생각해보면, 글쓰기만 해서는 글을 잘 쓸 수 없다는 걸 금방 이해할 수 있습니다. 언어의 4가지 기능—듣기, 말하기, 읽기, 쓰기—은 함께 발달합니다. 듣고 읽어야 알 수 있고, 알아야 말하고 쓸 수 있습니다. 말하고 쓰면서 자기가 알고 모르는 것을 명확히 알게 되고, 또다시 무엇을 듣고 읽을지 정할 수 있습니다.

그렇다면 글쓰기 수업에서 글쓰기 외에 어떤 것을 해야 할까요?

① 듣기와 말하기

글쓰기 수업에서는 듣고 말하기를 먼저 합니다. 아이들이 자유롭게 이야기할 기회를 줍니다. '글보다 아이의 마음을 보듬는 대화에 집중'하는 글쓰기 수업의 첫 번째 원칙과 이어집니다. 강원국 작가는 그의 책에서 "글을 잘 쓰고 싶으면 말을 잘해야 하고 말을 잘하고 싶으면 글을 잘 써야 한다는 엄연한 사실을 말하고 싶었다."고 했습니다. 대화는 글을 쓸 마음을 준비하는 과정이기도 하지만, 말이 곧 글이 되므로 글쓰기를 준비하는 단계이기도 합니다. 또래 친구가 하는 말이 글감이 되는 경우가 많습니다. 다른 사람의 말을 귀 기울여 듣는 태도는 글을 주의 깊이 읽는 태도로 이어집니다.

자기소개는 듣기·말하기와 글쓰기의 밀접한 관계를 체감할 수 있는 좋은 소재입니다. 자기소개는 할 때마다 어색하고 말이 잘 안 나옵니다. 몇십 년 동안 자기소개를 해온 어른도 자기소개가 어려운데, 아이들에겐 더 어렵겠지요. 자기소개를 할 테니 발표 준비하라고 하면 어찌할 바를 몰라 발을 동동 구르는 아이가 많습니다. 이름, 가족, 내가 좋아하거나 싫어하는 음식·책·장소, 내가 잘하거나 못하는 일 등 자기소개에 들어갈 내용이 적힌 작은 메모지를 받고 나서야 아이들의 표정이 밝아집니다. 시키지 않아도 아이들은 자기를 소개할 내용을 열심히 쓰고, 메모를 보며 자기를 소개합니다.

자기소개 발표 시간에 친구들과 자기의 공통점 찾기 과제를 냅니다. 자기와 공통점이 많은 친구는 친하게 지낼 확률이 높으니까요. 다른 아이의 말을 잘 들으면, 할 말이 생각이 나기도 합니다. 한번은 어떤 아이가 "내가 꼭 해보고 싶은 일은 고양이 키우기야. 그런데 엄마가 절대 안 된다고 해서 속상해."라며 자기소개를 했습니다. 그러자 아이들이 우리 집엔 고양이가 있네, 없네, 나도 고양이 좋아하네, 싫어하네 하며 말이 많아졌습니다. 첫날의 어색한 분위기가 '고양이' 하나로 활기차게 변했습니다. 고양이 이야기를 한 아이 다음에는 "우리 집 고양이 이름은 치즈야." 등 반려동물에 관한 이야기를 하는 학생이 많아졌습니다.

"너희가 스스로 메모지에 말할 내용을 쓰고, 쓴 글을 보고 발표를 했지? 글쓰기는 그렇게 하는 거야. 말할 내용을 정리한다고 생각하면 돼. 그리고 다른 친구들 이야기를 잘 들으니까, 할 말이 생각났지? 다른 사람의 말을 귀 기울여 듣고, 다른 사람이 쓴 글을 주의 깊이 읽으면, 내 말과 글이 풍성해진단다. 친구도 사귈 수 있고!"

아이들에게 이렇게 말하면서 자기소개 활동을 마무리합니다. 첫 글쓰기 수업은 이렇게 자기소개로 시작합니다.

　　카톨릭대학교 소아신경과 김영훈 교수는 "생각하면서 말하면 브로커 영역에 있는 좌측 전두연합 영역의 뒷부분이 활발하게 활동하는데, 이곳은 창의력과 관련이 깊습니다. 말을 하거나 이야기를 들으면서 새로운 아이디어나 참신한 생각을 떠올리기 때문입니다."[9] 라고 말합니다. 아이들에게 듣고 말하는 활동은 글쓰기보다 훨씬 덜 부담스러운 일이면서도(가끔 말하기보다 쓰기가 더 편하다고 하는 아이를 한두 명씩 만나긴 합니다) 생각을 정리하고, 창의력을 높이는 훌륭한 방법입니다.

② 책 읽기

　　유시민 작가는 글쓰기의 첫 번째 철칙이 "많이 읽어야 잘 쓸 수 있다. 책을 많이 읽어도 글을 잘 쓰지 못할 수는 있다. 그러나 많이 읽지 않고도 잘 쓰는 것은 불가능하다."[10] 라고 밝혔습니다. 『나의 문화유산답사기』의 저자 유홍준 박사도 "글쓰기 훈련에 독서 이상의 방법이 없다."[11]고 했습니다. 저도 글쓰기 수업 시간에 책 읽기를 합니다. 읽기는 분명 글쓰기에 도움이 됩니다. 그러나 반 학생과 읽는 더 큰 이유가 있습니다. 책을 통해 다양한 삶을 경험하고, 다른 시각으로 삶을 바라보길 바라며 읽습니다.

　　초등학교 1학년을 담임했을 때, 반 아이들에게 천효정 작가님의

『삼백이의 칠일장』(문학동네, 2014)을 읽어준 적이 있습니다. 이름 없는 아이가 저승사자를 피하면서 300년을 사는 이야기입니다. 책을 읽어주면 아이들은 책으로 쏘옥 빠져듭니다. 시끄럽게 떠들던 아이들도 책 읽는 소리가 나면 하나둘씩 조용해집니다. 이내 고요해지고, "아이쿠!", "이런!", "우하하하!" 하며 TV 프로그램을 보듯 격한 반응이 여기저기서 나옵니다.

이야기에 몰입할수록 아이들은 더 깊이 생각하고 느낍니다. 그래서 목이 좀 아파도, 성우처럼 멋지게 읽어주지 못하더라도 소리를 내어 읽어줍니다. 아이들이 이야기를 집중해서 잘 듣고 읽으면, 글쓰기 수업의 반 이상은 성공입니다. 책을 읽어 준 다음, 아이들에게 질문을 툭 던집니다. 아이들끼리 자유롭게 대화할 수 있게 두고, 감정이 격해지거나 찬반으로 아이들이 갈리지 않게 중재하는 역할만 합니다. 잘 들었으면 금방 답할 수 있는 질문으로 시작해서 책에서 찾을 수 없는, 생각해야 답할 수 있는 질문으로 이어갑니다.

"삼백이는 어쩌다가 삼백 년을 살게 됐어?"

"말은 왜 삼백이에게 고맙다고 했지?"

"삼백이가 300년을 살면서 항상 행복했을까? 왜 그런 마음이 들었을까?"

"너희가 삼백 년을 살 수 있다면, 뭘 해보고 싶어?"

이렇게 반 학생과 책 두 권을 모두 읽고, 마침 대전광역시교육청에서 교사 독서 지도 지원 사업을 운영하고 있어 천효정 작가와의 만남을 추진했습니다. 반 아이들에게 깜짝 선물을 해주고 싶어서 작가에게 하고 싶은 질문이나 말을 하나씩 준비해오라는 숙제만 냈습니다. 평소 글쓰기 수업 시간처럼 아이들은 즐겁게 자기가 준비해 온 질문을 주고받으며 "이건 진짜 궁금하다. 작가님한테 직접 물어보고 싶은데!", "나 어제 천효정 작가님 검색해봤어." 하고 자유롭게 이야기를 나누었습니다.

그때, 천효정 작가가 교실 문을 드르륵 열고 들어섰습니다. 처음 보는 사람이 갑자기 등장해서 어리둥절했던 아이들은 "이분이 천효정 작가님이야."라는 제 말에 "우와~!"하고 환호성을 질렀습니다. 책을 읽으면서 궁금했던 점이나 알고 싶은 내용을 작가에게 묻기 시작했습니다. 작가와의 만남이 거의 끝나갈 때쯤 한 남자아이가 손을 들었습니다.

"삼백이는 자기 이름을 말 안 했으니 친한 사람이 없는 거잖아요. 가족도 없고요. 그런데 왜 오래 살고 싶었을까요?"

1학년 남자아이의 질문에 작가는 깜짝 놀랐습니다. 작가님은 침착하게 "그럼, ○○는 가족과 친구가 없으면 오래 안 살고 싶어요?" 하고 되물었습니다. 그 남자아이는 너무나 당연하다는 듯 가족과 친구가 없으면 안 살고 싶을 것 같다고 얘기했습니다. 이 아이에게는 가족과 친구가 삶의 전부라는 걸 확인한 순간이었습니다. 어린아이 같지 않은 진지함과 깊은 생각에 놀랐는데, 이어지는 반 학생의 말이 더 놀라웠습니다.

"가족과 친구가 없으면 정말 슬프겠지만, 오랜 시간 살면서 다양한 곳에서 사는 건 아무나 못 하는 거잖아요. 그러니까 그런대로 괜찮죠."

"진짜 같이 있고 싶은 사람에게는 솔직하게 말하면 되잖아요. 자기 이름 알려고 하지 말아달라고요."

"맞아요. 가족끼리는 다 이해해야죠."

"그래도 가족 이름을 모르는 건 너무 슬프지."

책 한 권을 같이 읽고, 이런저런 질문을 하며 자유롭게 이야기했을 뿐인데 아이들은 주인공을 깊이 이해했습니다. 평소엔 학교에서 길을 잃기도 하는 평범한 8살 아이가 자기 삶에서 중요한 것이 무엇인지 진지하게 생각하고 발표했습니다. 가족이 없으면 죽고 싶은 친구, 떠돌아다니는 생활도 괜찮다는 친구, 가족에게는 비밀이 없어야 한다고 생각하는 친구, 가족끼리는 비밀을 지켜줘야 한다는 친구…. 각자 다른 생각을 이야기하는 모두가 서로 존중해야 할, 소중한 친구라는 걸 따로 설명할 필요가 없었습니다.

우리 반 학생은 서로 다른 생각을 하는 친구의 말을 들었고, '저 친구는 저렇게 생각하는구나.', '삼백이는 오래 살고 싶었구나.'하고 받아들였습니다. 미국의 시인이자 사상가인 랄프 왈도 에머슨Ralph Waldo Emerson의 "같은 책을 읽었다는 것은 사람들 사이를 이어주는 끈이다."[12] 라는 말이 실감 났습니다. 책 한 권으로 서로 자기에게 가장 중요한 것이 무엇인지 나누었습니다. 이렇게 같이 책을 읽고, 대화한 후에 쓰는 독서감상문은 남다를 수밖에 없겠지요.

제가 존경하는 선배 교사가 있습니다. 인터넷 서점 우수 고객을 십 년이 넘도록 한 번도 놓친 적이 없을 정도로 책을 많이, 꾸준히 읽습니다. 그의 가방엔 항상 책이 들어 있습니다. 지인과의 약속에도 책을 가지고 갑니다. 시간 약속에 늦는 법이 없는 선배는 다른 사람을 기다리면서도 책을 읽습니다. 기껏해야 5분 남짓 되는 시간이라도 책을 읽으려고 책을 챙기는 수고를 아끼지 않습니다. 선배 앞에서는 저의 '작가'라는 수식어가 참 머쓱합니다. 한 번은 선배에게 어떻게 그렇게 책을 한결같이 읽을 수 있는지 물었습니다.

"머리가 복잡하면 읽고, 마음을 가눌 수 없을 때도 읽고, 기분이 어수선할 때 더 읽는 것 같아. 책을 읽으면 주인공의 삶이 느껴지고, 작가의 고민이 와닿으면서 시끄러운 속이 잠잠해져. 나와는 전혀 다른 사람도 그런대로 이해할 수 있게 돼. 그럼 뒤죽박죽처럼 느껴지는 내 삶도 존중할 힘이 생기지."

어느 누가 봐도 평온하고 평탄한 삶을 사는 거로 보이는 선배도 '삶이 뒤죽박죽 같다.'고 느낀다는 사실이 슬펐습니다. 언제나 고요하고 정연해 보이는 선배의 힘은 책 읽기에서 나온다는 사실도 깨달았습니다.

책 읽기는 분명 글쓰기에 도움을 줍니다. 그러나 글쓰기를 위해 책 읽기를 하지 않는 것이 글쓰기 수업의 원칙입니다. 선배의 "다른 사람의 삶을 이해하고 인정하면, 뒤죽박죽한 내 삶도 존중할 힘이 난다."는 말을 되뇝니다. 아이들이 자기 삶을 있는 그대로 소중히 여기길, 다른 사람을 있는 그대로 인정하며 넉넉하고 유연하게 살아가길 바라며 함께 책을 읽습니다. 물론 글쓰기 실력도 자라나길 바라면서요.

③ 어휘 익히기

"어휘를 모르면 아무 의미도 전달할 수 없다Without vocabulary nothing can be conveyed."[13]
– 데이비드 윌킨스David Wilkins, 영국 레딩 대학교University of Reading 언어학 교수

"어휘가 언어의 핵심이자 심장이다lexis is the core or heart of language."[14]
– 마이클 루이스Michael Lewis, 머니볼Moneyball(2003)의 저자, 뉴욕타임스 매거진 칼럼리스트

어휘는 글의 재료입니다. 어휘를 제대로 알아야 문장을 바르게 쓸 수 있으므로, 어휘 지도는 글쓰기 수업에 꼭 필요합니다. 특히 저의 글쓰기 수업은 감정과 느낌을 나타내는 어휘 익히기로 시작합니다. 모든 글쓰기의 기본은 생활 글쓰기입니다. 경험한 일과 자기의 감정을 표현할 줄 알아야 설명하는 글이나 주장하는 글도 쓸 수 있습니다. 박성우 작가님의 『아홉 살 마음 사전』(창비, 2017)과 『아홉 살 느낌 사전』(창비, 2019)에 나오는 어휘를 하루에 하나씩 찾아보고, 익힙니다. 모르는 어휘는 다음과 같이 공책에 정리하도록 지도하고 있습니다.

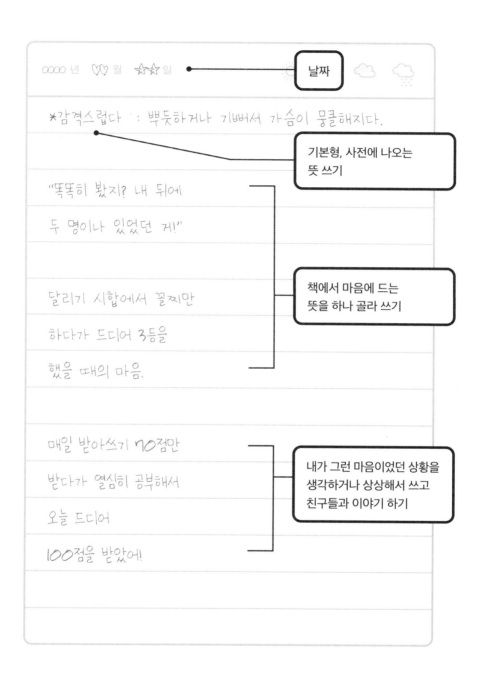

○○○○ 년 ♡♡ 월 ☆☆ 일　　　　　날짜

*감격스럽다 : 뿌듯하거나 기뻐서 가슴이 뭉클해지다.

기본형, 사전에 나오는
뜻 쓰기

"똑똑히 봤지? 내 뒤에

두 명이나 있었던 거!"

달리기 시합에서 꼴찌만

하다가 드디어 3등을

했을 때의 마음.

책에서 마음에 드는
뜻을 하나 골라 쓰기

매일 받아쓰기 70점만

받다가 열심히 공부해서

오늘 드디어

100점을 받았어!

내가 그런 마음이었던 상황을
생각하거나 상상해서 쓰고
친구들과 이야기 하기

175

사전에서 찾은 의미 한 줄, 책에서 나온 문장 중 마음에 드는 표현 한 줄, 그런 마음이 들었을 때 한 줄을 쓰면서 어휘를 익힙니다. 이렇게 하루에 세 줄씩 쓰는 활동을 정리한 원고가 『하루 3줄 초등 글쓰기의 기적』으로 출간되기도 했습니다.

마음과 느낌을 나타내는 어휘를 하루 세 줄씩 익히면서 꾸준히 하는 활동은 책 읽어주기입니다. 책 읽기 자체가 가치 있는 활동이고, 글쓰기를 잘할 방법이기도 하지만, 어휘를 가르칠 때도 책 읽기는 힘을 발휘합니다.

책을 많이 읽는 아이는 어휘를 따로 공부하지 않아도 된다고 생각하는 사람이 많습니다. 분명 책 읽기는 어휘력 향상에 도움이 됩니다. 그러나 책 읽기만으로 어휘력을 높이려면 오랜 시간이 필요합니다. 더욱이 무슨 책을 어떻게 읽느냐에 따라 독서가 어휘를 늘리는 데 도움이 안 될 수도 있습니다. 낱말을 모른다는 사실도 모르고 책장 넘기기에 바쁜 아이도, 모르는 낱말도 '안다고 치고' 읽는 아이도 많으니까요. 그래서 글쓰기 수업에서 책을 읽어줄 때는 낯선 어휘를 콕 집어서 아래의 단계를 거쳐 어휘를 익힙니다.

① 책에서 새로 만난 낱말의 의미를 문맥 안에서 유추합니다.
② 함께 유추한 뜻이 맞는지 국어사전을 찾아봅니다.
③ 여러 가지 뜻이 있는 경우, 책에서는 어떤 의미로 쓰였는지 확인합니다.

④ 사전에서 예시문을 찾고, 어떻게 활용하는지 익힙니다.

⑤ 새로 익힌 낱말을 사용하여 문장을 만들고 씁니다.

교과서로 어휘 지도를 하면 일거양득입니다. 각 교과를 공부하면서 어휘를 확 늘릴 수 있습니다. 교과서를 꼼꼼하게 읽고, 문장의 의미를 정확히 파악하는 방법을 보여주면서 교과 공부도 깊이 할 수 있습니다. 어휘와 독해 지도를 넘어, 문장에 직접 드러나지 않은 속뜻을 학생과 함께 찾아봅니다. 초등학교 교과서를 보면, 그림, 사진, 도표, 지도가 많고 글은 적습니다. 왜 교과서에는 시각 자료가 많이 제시되어 있을까요? 애들 책은 글밥이 적어야 하니, 그림을 대충 끼워 넣은 걸까요? 교과서 집필진이 참고서처럼 자세히 설명할 능력이 없어서일까요?

저는 그렇게 생각하지 않습니다. 20년간 교육과정과 교과서를 날마다 보는 교사로서, 교과서의 빈 곳과 시각 자료는 교사와 학생의 대화, 다양한 학습 활동, 다채로운 생각으로 채우라는 의미로 다가옵니다. 때로는 한 장의 사진이 100줄의 글보다 훨씬 많은 내용을 전달합니다. 교과서의 빈 곳과 교육과정의 넓은 범위를 학생의 학습력과 창의력을 높이는 교수·학습 방법으로 촘촘하게 채우는 능력이 교사의 전문성이라고 믿습니다.

'초등학교 교과서는 설명이 너무 간략해서 문제집이 필수'라는 의식이 많습니다. 보충 교재가 있으면 좋습니다. 그러나 보충 교재부터 읽

177

고, 문제를 풀면 안 됩니다. 교과서를 읽으면서, 끊임없이 "이건 무슨 뜻이지?", "왜 그렇지?", "이다음엔 어떤 일이 일어날까?", "이 지도에는 어떤 정보가 담겨있지?" 하고 질문하고 답하며 공부하는 방법을 알려주어야 합니다. 교과서에 나온 정보만으로는 질문에 답할 수 없을 때, 내가 말한 답이 맞는지 확인하고 싶을 때 보충 교재를 활용합니다.

초등학교 5학년 2학기 사회과에서는 한 학기 만에 고조선부터 6·25 전쟁까지의 한국사를 숨 가쁘게 배웁니다. 며칠 만에 몇백 년 역사가 훌훌 넘어가니 학생도, 학부모도 당황스럽습니다. 상세한 역사적 사실을 다 알아야 한다고 생각하니 당황스러운 겁니다. 저도 처음엔 한 학기 만에 우리나라 오천 년 역사를 어떻게 가르쳐야 하나 황당했습니다. 하지만, 초등학교 한국사는 흐름 읽기가 먼저라는 답을 얻고, 자세한 사실은 과감하게 넘깁니다. 무슨 왕 때 어떤 사건이 있었고, 무슨 법이 세워졌고 하는 세세한 사실이 중요하지 않습니다.

왜 조상은 청동기를 철기보다 먼저 사용했는지, 한 나라가 흥하고 쇠할 땐 무슨 일이 일어나는지, 역사는 오늘날 우리에게 어떤 의미가 있는지 등 역사의 흐름과 가치를 파악하는 방향으로 한국사를 훑기로 계획했습니다. 아이가 처음 접하는 한국사를 이것도 저것도 다 외워야 하는 과목으로 알려주는 건 소중한 우리의 역사를 '암기해야 하는 골치 아픈 과목'으로 소개하는 꼴이 되니까요.

초등학교 5학년 2학기 사회 11쪽, 고조선의 건국에 관한 교과서를 반 학생과 함께 읽는 방법을 예로 들어보겠습니다. 아이들에게 각자 오늘 배울 내용을 읽어보게 하고, 학습 목표를 확인한 후 저와 함께 교과서를 훑어봅니다.

선생님   '청동기 시대'라는 낱말이 가장 크게 보이네요. 청동기 시대가 어떤 시대라고 나오나요?

학생1   구리와 주석을 섞어 만든 그릇과 도구를 사용하던 시대요.

선생님   구리와 주석은 뭘까요?

학생2   금속이요.

선생님   맞아요. (사진 자료를 보여주며) 구리는 전선에 많이 들어 있어요. 주석으로 만든 잔에 시원한 음료를 넣어 마시면, 오랜 시간 차갑게 마실 수 있어서 좋더라고요. 그런데 이런 단단한 금속을 어떻게 섞죠? 물감도 아니고?

학생3   물감처럼 액체로 만들어요.

선생님   어떻게요?

학생4   불을 사용해서 높은 온도가 되면 금속이 시뻘건 액체처럼 되잖아요.

선생님   맞아요. 높은 온도를 만들기가 쉬울까요?

학생5   아뇨. 그냥 모닥불처럼만 피우면 금속은 안 녹잖아요.

선생님   그래요. 우리가 고기를 구워 먹을 때를 생각해봐요. 숯불이 엄청 뜨거운데도, 숯이 들어 있는 금속 통이랑 석쇠는 멀쩡하죠. 금속을 녹일 정도로 열을 높이려면 불을 다루는 기술이 필요해요. 그러면 여기서 질문 하나 더! 구리와 주석, 철 중 어느 금속이 더 높은 온도에서 녹을까요?

학생6   철이요.

선생님	오홋! 맞았어요. 왜 철이 더 높은 온도에서 녹는다고 생각했죠?
학생6	불을 다루는 기술이 더 발달해야 더 높은 온도를 만들 수 있고, 그래서 청동기보다 철을 더 늦게 사용하기 시작했을 것 같아요.
선생님	아주 훌륭한 가설입니다. 철이 훨씬 단단하고 사용하기 편리하지만, 청동보다 훨씬 높은 온도에서 녹아요. 그래서 불을 다루는 기술이 충분히 발달한 후에야 철기를 사용할 수 있었지요. 그러니 청동기와 철기 중 어느 시대가 더 나중일까요?
학생7	청동기 시대가 더 먼저이고, 나중에 철기를 사용하게 됩니다.
선생님	맞아요. 그럼 철기 시대에는 청동기를 사용했을까요?
학생8	아뇨. 사용하지 않았을 것 같아요. 왜냐면 청동기는 철기보다 약하니까요.
선생님	청동기가 철기보다 약할 뿐 그래도 금속인데, 단단하잖아요? 철기보다 훨씬 낮은 온도에서 만들 수 있으니까 더 쉽게, 많이 만들 수 있고요. 무기나 농기구 같이 단단해야 하는 기구 말고는 청동기로 만드는 게 낫지 않을까요?
학생들	어헛, 그러게요!
선생님	다음 시간 숙제 나갑니다.
학생들	으악!!
선생님	교과서 위나 아래 빈 곳에 가설 한 문장만 써오면 돼요. 철기에도 청동기를 사용했을까? 사용했다면 어디에 썼을까? 사용하지 않았다면 왜 사용하지 않았을까? 인터넷으로 조사도 해오되, 조사한 내용은 쓰지 않아도 됩니다. 가설이 틀리고 맞는 게 중요하지 않아요. 여러분이 쓴 가설이 논

리에 맞는지를 볼 겁니다. 여러분이 철기가 막 보급되었을 때 살았다면, 어떻게 했을까 생각해보세요. 청동기와 철기 재료의 특징도 조사해보기를 바랍니다.

학생들　네~~

선생님　자, 여하튼 청동기 시대에 한반도와 주변 지역에서 가장 센 세력이 주변 세력을 하나로 모이면서 우리 역사 속 최초의 국가인 고조선이 등장했습니다. '세력'이란 무엇일까요?

학생9　힘? 국가?

선생님　'세력'을 국어사전에서 찾아볼까요? 뜻이 세 가지 있어요. ① 권력이나 기세의 힘. ② 어떤 속성이나 힘을 가진 집단. ③ 기계 일을 하는 데에 드는 힘. 세 가지 중 교과서에서 말하는 세력은 몇 번째 의미일까요?

학생10　②번 같아요. 어떤 속성이나 힘을 가진 집단이요.

선생님　다르게 생각하는 사람 있나요?

학생11　아니오. 어떤 속성이나 힘을 가진 집단이 맞는 것 같아요.

선생님　네, 선생님도 그렇게 생각해요. '세력' 예문을 찾아서 읽어 볼 사람? 아니면 '세력'을 다른 곳에서 들어본 친구?

학생12　태풍의 세력이 약해졌다는 말을 들은 적이 있어요.

선생님　맞아요. 그건 '권력이나 기세의 힘'을 뜻하겠지요?
　　　　한반도와 그 주변엔 어떤 세력이 있었을까요? 고조선이 생겨나기 전에도 곰 부족, 호랑이 부족과 같은 다양한 부족이 있었는데 그건 왜 '부족'이라고 부르고, 고조선은 '국가'라고 할까요? 부족과 국가는 어떻게 다르죠?

181

그냥 읽으면 5분도 걸리지 않을 교과서의 글을, 위와 같이 한 문장 한 문장 곱씹으면서 읽으면 한 시간도 더 걸립니다. 언뜻 보면 공부효율이 떨어지는 것처럼 보입니다. 그러나 멀리 보면 훨씬 효과적인 학습 방법입니다. '불을 다루는 기술이 없었던 과거에는 녹는점이 비교적 낮은 구리와 주석을 사용할 수밖에 없었고, 기술이 발전하면서 철로 기구를 만들 수 있었다'는 사실을 아는 아이는 청동기와 철기의 순서를 잊지 않습니다. 금속의 성질과 녹는 점은 과학 공부로도 이어집니다.

'부족'과 '국가'의 차이를 알면, 권력의 집중, 법과 종교의 필요성까지 생각이 뻗칩니다. 오늘날엔 어떤 식으로 권력이 행사되는지, 법과 종교의 기능은 무엇인지 생각할 통찰력이 생깁니다. 교과서에 지도, 사진 자료가 왜 나왔는지 판단하고, 읽고, 이해합니다. 문해력에는 글자는 물론 지도, 사진, 표, 그래프를 읽고 이해하는 능력도 포함됩니다.

5학년이라고는 하지만 교과 공부를 한 지 3년도 안 되는(과목별 학습은 3학년 때부터 시작하니까요) 12살 아이들과 이렇게 하나하나 챙기면서 읽으면 혓바늘이 돋습니다. 아이들이 멍하게 있지 못하게 교과서에 줄 긋기, 정리하기, 메모 보드에 답 써서 번쩍 들기, 찬반투표 하기, 칠판에 나와서 예상 답 쓰기, 상황에 알맞은 속담이나 고사성어 떠올려 선착순으로 말하기, 내가 이때 ○○○로 살았다면 어떻게 살았을지 역할놀이 대본 쓰기 등 다양한 방법으로 담임이 볶아(?)대니, 수업이 끝나면 여기저기서 한숨 쉬는 학생이 많습니다.

교과서 톺아보며 어휘 익히기는 아이도, 교사도 힘든 수업입니다. 그러나 혼자 이해하며 공부하는 방법을 알아야 참고서에 있는 내용을 무조건 외우고 잊기를 반복하는 시간 낭비를 하지 않을 수 있습니다. 평소에도 책에서 만나는 낯선 단어의 의미를 유추하고, 사전을 찾고, 예문까지 챙겨보면 아이의 어휘는 쑥쑥 늘어납니다. 교과서를 한 문장씩 곱씹으며 읽는 방법을 알려주세요. 어휘력은 물론 학습력과 사고력이 견고하게 자라납니다.

글쓰기 원칙 ❸
생각과 느낌을 쓰라고
강요하지 않는다

아이가 겪은 일을 자유롭게 쓰게 한다

글쓰기를 지도할수록 글쓰기의 매력에 점점 빠졌습니다. 아이들이 쓴 생생한 글 덕분이었습니다. 마음을 그대로 담은 글에는 사람이 삽니다. 글이 아이를 똑 닮습니다. '음성 지원'이 된다는 말을 실감합니다. 공책에 적힌 이름을 보지 않아도, '요렇게 작은 일에도 신난 녀석은 ○○고, 동생이 뭘 해도 싫다는 녀석은 △△겠네. 이런 엉뚱한 생각을 할 아이는 우리 반에 □□밖에 없지.' 하며 글을 쓴 아이를 맞히는 재미가 쏠쏠합니다. 아이들의 글을 보면, 아이들의 행동이 눈에 선하고 말이 귀에

맴돕니다.

초등학교 고학년 학생에게 글쓰기를 가르칠 기회가 있었습니다. 5, 6학년 아이는 어떤 생각을 하며 살지, 고민은 뭐가 있을지, 사춘기 무렵에 접어든 감정은 어떤지 궁금했습니다. 언제나 그렇듯, 마음을 끌어내는 대화부터 공을 들였습니다. 만난 지 얼마 지나지 않아 속마음도 얘기하는 아이들을 보니 안심이 됐습니다. 아이들이 한 말을 메모해서 보여주면서, "네가 방금 한 말을 그대로 글로 쓰면 된다."라고 했습니다. 아이들은 놀라며 "제가 한 말을 그대로요? 생각과 느낌을 써야 하는 거 아녜요?"하고 묻습니다. 그러고는 어딘가에서 많이 본 듯한 글을 썼습니다. 그 아이를 그대로 닮은 글이 한 편도 없어 허탈했습니다.

한글도 잘 모르는 1, 2학년 학생보다 초등학교 고학년에게 글쓰기를 가르치기가 훨씬 어렵습니다. 물론 초등학교 저학년 아이들보다 글의 양도 많고, 맞춤법도 잘 맞춰 쓰지만, 자기를 닮은 진짜 글을 쓰는 아이를 찾기가 힘듭니다. 초등학교 3, 4학년만 되어도 '글은 이래야 한다.'는 선입견을 품습니다. 그럴듯한 글을 써야 한다는 강박감이 있습니다. 글을 쓰기도 전에 '나는 글을 못 쓴다.'고 생각하는 학생이 허다합니다. 똑같이 글쓰기 지도를 하고 나서 아이가 쓴 글을 살펴보면 초등학교 고학년과 저학년의 차이가 큽니다. 고학년은 어디에서나 봄 직한 글을 많이 쓰지만, 저학년에서는 살아 있는 글이 제법 보입니다.

어른은 예상하지도 못할 재미난 말을 잘해서 '얘네 머릿속엔 뭐가 들었나?'하고 궁금한 아이들이 왜 글은 죄다 비슷비슷하게 쓰는지 이해가 안 됐습니다. 1, 2학년 때 생생하고 귀여운 글을 써서 담임을 놀라게 했던 아이들이, 몇 년이 지나고 난 후에는 뻔한 글을 쓰게 되는 이유가 궁금했습니다. 그러다 이오덕 선생님의 "아이들은 자기의 생각이 없다. … 자기 자신의 생각을 가지려면 삶이 있어야 하는데, 오늘날의 교육은 학교고 가정이고 삶을 주지 않고, 다만 책을 읽고 쓰고 외우게 할 뿐이다."[15]라는 말이 떠올랐습니다. 이오덕 선생님 의견에 전적으로 동의하지는 않지만, 생각할 여유와 관심이 없는 주제에 생각과 느낌을 쓰라고 하니 어디서 보거나 들은 대로 쓸 수밖에 없겠다는 결론을 내렸습니다.

그래서 저는 글쓰기 수업에서 아이들에게 경험한 일을 쓰라고 합니다. 기회가 될 때마다 학부모께도 생각과 느낌을 쓰라고 하지 말고, 겪은 일을 자유롭게 쓰게 두라고 부탁드립니다. 그리고는 국어 교과서에 있는 생각과 느낌을 쓴 글과 경험한 일만 쓴 글을 비교해서 읽어드립니다. 다음은 초등학교 1, 2학년 아이들이 쓴 일기입니다. 어느 글이 더 마음에 와닿는지 선택해보시기 바랍니다.

	학	교	에	서		공		굴	리	기	
놀	이	를		했	다	.	공	을		세	
번		굴	렸	는	데		깃	발	은		한
개	만		넘	어	졌	다	.		더		연	습
해	야	겠	다	.							

초등학교 국어(나) 1-1 , 9. 그림일기를 써요, 240쪽

187

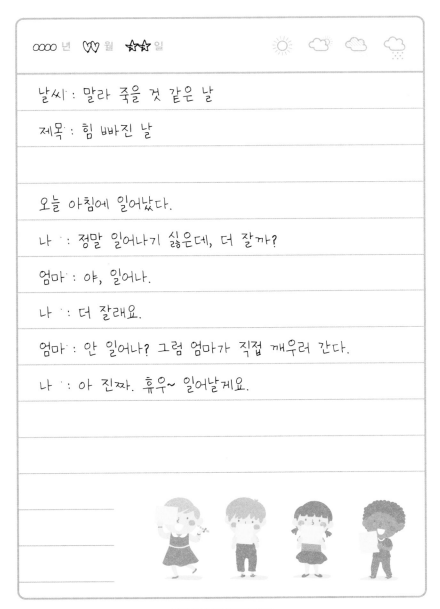

○○○○ 년 ♡♡ 월 ☆☆ 일

날씨 : 말라 죽을 것 같은 날

제목 : 힘 빠진 날

오늘 아침에 일어났다.

나 : 정말 일어나기 싫은데, 더 잘까?

엄마 : 야, 일어나.

나 : 더 잘래요.

엄마 : 안 일어나? 그럼 엄마가 직접 깨우러 간다.

나 : 아 진짜. 휴우~ 일어날게요.

우리 반 2학년 학생 일기

188

저는 우리 반 학생이 쓴 글을 선택했습니다. 지금까지 만난 학부모님 모두 두 번째 일기가 살아 있는 글이라고 했습니다. 우리 반 학생이 쓴 일기는 글씨도 삐뚤거리고, 틀린 글자도 많습니다. 보고 듣고 경험한 일을 그대로 쓰면 된다는 담임 선생님의 글쓰기 수업 내용에 충실하게, 자기가 한 말과 들은 말을 글자 그대로 옮겼습니다. 아이의 글에는 아이의 표정과 엄마의 말투가 생생합니다. 아이는 생각과 느낌을 한 글자도 쓰지 않았습니다. 하지만 엄마의 말과 "아 진짜. 휴우~ 일어날게요."하는 아이의 말에서 팔딱거리는 엄마와 아이의 감정이 드러납니다.

경험을 솔직하게 쓰는 원칙은 글쓰기만을 위한 건 아닙니다. 아이가 자기의 삶을 스스로 존중하고 사랑하길 바라는 마음으로, 정직하게 쓴 글이 가치 있다고 가르칠 뿐입니다. 보고 듣고 행동한 일을 그대로 쓴 글은 아이의 삶입니다. 아홉 살 아이가 쓴 일기 몇 줄 안에 아이의 일상이 고스란히 담겼습니다. 어른이 아이의 글씨와 맞춤법만 보고 '이게 뭐냐.'고 핀잔을 주면, 아이는 다시는 이렇게 담백한 글을 못 쓸지도 모릅니다. 선물을 받고, 여행해야 일기 쓸 거리가 생기는 것이 아니라, 아침에 일어나기 싫어서 꿈지럭대다가 엄마의 불호령에 벌떡 일어나는 일상이 소중하다는 걸 알기를 바라는 마음으로 아이들에게 겪은 그대로를 쓰라고 말합니다.

생각과 느낌을 쓰지 말라는 뜻이 아닙니다. 생각과 느낌이 생길 때까지 경험을 있는 그대로 쓰게 해주세요. 관심이 생겨야 생각이 나고, 여유가 있어야 느낄 수 있습니다. 경험한 일을 그대로 쓰다 보면 자연스럽게 '아, 내가 이때 이런 생각과 느낌이 들었지.'하고 쓸 말이 떠오릅니다. 소소한 일상을 솔직하게 쓴 글을 진심으로 칭찬해주세요. 아이가 보고 듣고 행동한 일을 정직하게 쓰게 해주세요. 좋은 글을 쓰고 싶으면 잘 살아야 한다는 걸 알려주세요. 자기가 겪은 일을 집중해서 쓸 때, '다른 친구는 무슨 생각과 느낌을 썼나?' 기웃거리지 않습니다. '내 생각이 틀렸으면 어쩌지?'하고 쭈뼛거릴 필요가 없습니다. 내 이야기만 쓰면 되니까요. 본 일, 들은 일, 한 일을 그대로 쓴 글을 인정하면, 아이는 자기 자신을 있는 그대로 존중하고 사랑하게 됩니다.

글쓰기 원칙 ④
아이의 열렬한
독자가 된다

아이의 글에 칭찬하고 공감해주기

열렬한 독자가 된다는 글쓰기 수업 원칙은 교사이자 엄마인 제가 지키는 원칙입니다. 아이가 쓴 글을 기대하고, 진심으로 기쁘게 읽고, 반응을 보입니다. 아이가 글을 쓴 보람을 바로 맛볼 수 있길 바라며 열렬한 독자가 됩니다. 열렬한 독자가 되려면 아이가 글을 쓸 때 마음을 나누는 대화에 집중해야 합니다. 글쓰기 수업의 첫 번째 원칙과도 이어집니다. 특히 아이들은 일기 주제를 정할 때 막막해합니다. 하루의 일과 중 특별한 일이 없어서 쓸 것이 없다고 하소연하는 때도 빈번합니다. 부모는 이런 고민을 하는 아이에게 평범한 일상 속에서 다양한 글감을 찾도록 도와주는 역할을 해야 합니다.

엄마	일기 주제를 뭐로 하고 싶어?
아이	모르겠어요. 요즘 재미있는 일이 없다니까요. 에휴~
엄마	재미있는 일이 없는 것도 일기 주제가 될 수 있어. 그런데 왜 우리 OO에게 재미난 일이 일어나지 않을까?
아이	미세먼지 때문에 운동장에 나가지를 못하니 그렇죠.
엄마	어이쿠. 그렇구나. 그래서 오늘은 운동장에 못 나가서 뭐 했어?
아이	한숨만 쉬었어요.
엄마	이런, 딱해라. 심심했겠다. 한숨 쉬면서 무슨 생각이 들었는데?
아이	내가 꼭 변비똥 같다는 생각이 들었어요.
엄마	하하하! 변비똥? 왜?
아이	나가고 싶어도 못 나가잖아요. 얼마나 답답해요.
엄마	진짜 좋은 표현이다. 그걸 제목으로 쓰면 되겠는데?
아이	근데 엄마, 진짜 요샌 감옥에 갇힌 느낌이에요. 미세먼지 감옥.
엄마	우와, 그것도 좋은 표현이야! 제목은 이게 어때? 변비똥과 감옥.
아이	좋아요! 변비를 변비약으로 해결하는 것처럼 미세먼지도 알약으로 해결하면 좋겠어요.

제목 : 변비똥과 감옥

날씨 : 미세먼지 있어도 나가고 싶은 날!

요새 미세먼지 때문에

중간놀이 시간과 점심시간에

밖에 나가 놀 수가 없다.

나와 친구들 모두 나가고 싶은데

못 나가는 변비똥 같다.

미세먼지 감옥에 갇혔다.

변비를 해결해 주는 알약처럼

미세먼지를 없애는 약이 있었으면 좋겠다.

글쓰기 수업에서 일기 쓰기를 가르친 후에는 일주일에 한 편 이상 일기 쓰기 숙제를 냅니다. 그리고 잊지 않고 학부모님에게 안내장을 배부합니다. 일기를 쓸 땐 글보다 마음을 나누는 대화에 집중해 달라는 간곡한 부탁을 A4용지 앞뒤로 빼곡히 써서 보냅니다. 학부모님과 학생도 일기 때문에 힘들지 않았으면 하는 마음을 가득 담습니다. 글씨나 맞춤법을 지나치게 강조하지 말라는 부탁도 안내장에 넣습니다. 아이의 글을 열렬히 기다리는 독자가 되어달라는 말도 빼놓지 않습니다. 학부모님께 배부하는 안내장은 다음과 같습니다.

학부모님께

한글 획순을 익히던 아이들이 벌써 일기를 쓸 때가 되었습니다. 일기 지도와 관련하여 부탁드리고 싶은 말씀이 있어 안내장을 보내게 되었습니다. 좀 길고 지루하더라도 본 안내장과 아이들의 일기장에 붙여 준 안내 사항을 자세히 읽어보시고, 적어도 처음 한 달은 아이와 함께 이야기를 나누며 일기 쓰기를 도와주세요. 일기를 쓸 때만큼은 집안일과 스마트폰은 멀리하시고, 오롯이 아이와 눈을 맞추어 아이의 말에 귀 기울여주세요. 글씨, 맞춤법이 아니라 아이의 감정, 아이가 말하는 내용에 초점을 맞추어 주세요. 아이의 글을 열렬히 기다리는 1호 독자가 되어 주세요. 일기 쓰기를 통해 아이와 평소에는 하기 힘든 속 깊은 대화를 하실 수 있으셨으면 좋겠습니다. 아이의 감정을 부모님께서 그대로 받아주고, 일기장에 그 마음을 쏟아낼 수 있게 도와주시면 아이의 자존감과 창의성은 물론 글쓰기 실력도 자라나는 것을 보실 수 있을 겁니다.

일기 검사는 매주 수요일에 하고, 잘 쓴 부분에 밑줄을 그어줄 예정입니다.

맞춤법, 글씨 쓰기 지도는 국어 시간에 하고 있습니다. 일기 쓰기로 글씨와 맞춤법 지도를 하지 않습니다. 학부모님께서도 일기를 쓸 때 맞춤법과 글씨로 아이에게 부담을 주지 마시고, 무조건 아이를 지지하는, 열렬한 독자가 되어 주세요.

일기는 10칸 공책에, 일주일에 한 편 이상 씁니다.

일기는 아이들이 처음으로 경험하는 글쓰기입니다. 일기 쓰기 때문에 글쓰기가 싫어지면 안 됩니다. 아이들의 부담을 줄여주기 위해 일주일에 한 편만 쓰라고 안내할 예정입니다. 더 쓰고 싶은 친구는 여러 편을 써도 됩니다. 아이가 일기를 선생님께 보여주고 싶지 않다고 하면 부모님께서 메시지나 알림장으로 "일기는 썼는데 안 보여드리고 싶대요."라고 알려주시면 됩니다.

내가 말한 것을 그대로 쓰면 일기가 된다는 것을 느낄 수 있게 도와주세요.

일기는 아이들의 첫 글쓰기 경험입니다. 처음부터 "글씨 잘 써, 길게 써, 느낌을 써봐."하고 부담을 주지 마세요. 적어도 첫 한 달은 아이가 일기를 쓸 때 옆에서 도와주세요. 아이와 하루 동안 있었던 일에 관해 대화하시고, 글감을 함께 정해보세요. 대화하면서 아이가 하는 말을 부모님께서 메모하시고, 메모한 내용을 바탕으로 일기를 쓰게 도와주세요. 아이가 하는 말을 부모님이 받아 적거나, 대화를 녹음해서 받아쓰게 하는 것도 좋은 방법입니다. 아이의 말을 받아쓴 내용이라면, 부모님이 쓴 일기도 괜찮습니다.

글쓰기 수업에서는 담임인 제가 먼저 열렬한 독자가 되어 줍니다. 제가 책을 출간해보니, 독자 없이 글을 써야 하는 아이들은 참 고독하겠다는 생각이 들었습니다. 저는 글쓰기 수업 방법을 묻는 사람들에게 말로 일일이 설명하기가 어려워서, 글쓰기 수업을 정리하려고 글을 쓰기 시작했습니다. 다 쓰고 나니 예상보다 글의 양이 많았습니다. 그냥 인쇄해서 주면 질려서 아무도 안 볼 것 같았습니다.

그러다 책꽂이에 꽂혀 있는 자녀 교육서 출판사 중 한 곳에 투고했고, 얼떨결에 금방 출판 계약까지 했습니다. 출판 계약까지 했으니, 많은 사람은 아니더라도 글쓰기 교육에 관심 있는 사람은 읽을 거라고 기대하며 글을 썼습니다. 그런데 점점 글을 쓰면서 '이렇게 별것 아닌 내용을 누가 읽을까?'하고 의심이 들었습니다. 아무도 읽지 않은 글을 왜 써야 하는지 회의가 드니 단 한 줄도 쓸 수 없었습니다.

그러다가 '독자는 너에게 크게 기대하지 않는다. 모두가 다 아는 내용이라고 해도, 흩어져 있는 글쓰기 지도 방법을 정리하는 것만으로도 의미가 있다.'는 주변의 말을 듣고, '과거의 나처럼 어떻게 글쓰기를 시작할지 몰라서 막막한 부모나 선생님이 대한민국에 한 명쯤은 있겠지. 한 명에게라도 도움이 된다면 그걸로 됐다.'라고 작심하고 나서야 글이 써졌습니다. 그렇게 출간한 책이 저의 첫 책입니다.

어른인 저도 '내 글을 누가 읽겠어?', '못난 내 글은 비난밖에 더 받겠어?' 하는 의구심을 이겨내지 못했습니다. 몇 주간 단 한 글자도 쓰지 못했으니까요. 저는 쓰고 싶어서 글을 쓰기 시작했는데도 독자가 없을 지도 모른다, 내 글이 손가락질당할지도 모른다는 두려움에 글을 못 쓰게 됐습니다.

아이들은 어떨까요? 글을 쓰고 싶어서 쓰는 아이들이 몇 명이나 될까요? 아이들은 글쓰기가 교과서에 나오니까, 선생님과 부모님이 시키니까 씁니다. 글을 잘 못 쓰는 아이의 입장이 되어 보세요. 아이는 자기가 글을 잘 못 쓴다고 생각합니다. 그동안 글을 써서 칭찬을 들어본 적이 없거든요. 안 쓰고 싶지만, 글을 쓰라고 하니까 억지로 씁니다. 아무도 내 글을 읽지 않을 것 같습니다. 오히려 아무도 내 글을 읽지 않았으면 좋겠다는 마음도 듭니다. 내 글을 읽는 사람은 보나 마나 빨간 펜으로 마구 여기저기 표시하면서 고치라고 할 거고, 더 심하면 글씨랑 맞춤법이 이게 뭐냐, 생각과 느낌을 쓰라고 몇 번을 말했는데 이렇게밖에 못 쓰냐며 혼날 게 뻔하니까요.

아이의 입장이 되어 글쓰기를 상상해보니, 글쓰기 수업에서 글을 쓰는 아이들이 무조건 예뻐 보였습니다. 아무리 훌륭한 선생님을 모셔서 수업해도 아이가 글을 쓰지 않으면 글은 안 나옵니다. 선생님이 쓰라고 했다고 한 글자라도 쓰려고 노력하는 학생이 기특합니다. 아이들의 글이 제 눈엔 참 예쁘고 감격스럽습니다. 쓰기 싫은 마음을 꾹 참고 글을 쓰는 아이는 칭찬받을 자격이 있습니다.

그래서 저는 아이들의 글을 읽으면서 일부러 반응을 크게 보입니다. 재미난 글을 읽을 땐 큰 소리로 웃고, 슬프거나 억울한 일에 관한 글을 읽으면 막 흥분하거나 토닥이며 위로합니다. 아이에게 허락을 받고,

반 아이들에게 멋진 표현을 읽어주기도 합니다. 멋진 표현이나 솔직한 마음을 쓴 부분에 파란색으로 밑줄을 그어줍니다. 그동안 틀린 부분에 표시한 펜 자국만 보다가 칭찬하는 펜 자국을 처음 보는 아이들은 어떨 떨해하며 빙긋 웃습니다. 글쓰기 수업 시간에는 아이가 글을 통해 하고 싶은 말이 뭔지에 집중합니다. 글씨와 맞춤법, 문법은 국어 시간과 받아쓰기를 할 때 깐깐하게 지도합니다.

선생님이 박장대소하며 읽은 글은 "어디, 어디? 나도 읽어봐도 돼?" 하며 다른 아이들도 호기심을 갖고 읽어봅니다. 선생님이 위로한 아이는 다른 아이들도 위로해 줍니다. 처음엔 선생님 한 명으로 시작한 독자가, 시간이 지나면 반 친구로 늘어납니다. 반 학생이 모두 저자이자 독자입니다. 서로 글을 읽으며 격려합니다. 선생님이 비판하지 않은 글이니, 아이들도 글을 비판하지 않습니다. 처음엔 자기가 쓴 글을 쭈뼛대고 내밀던 아이들이, 이젠 자신 있게 공책을 내밉니다.

여전히 글씨는 삐뚤거리고 문장은 어색하지만, 그 안에 담긴 마음은 솔직하고 아이답습니다. 무엇보다 글쓰기 수업이 이어지면서 글쓰기가 싫지 않다는 아이들이 늘어납니다(글쓰기를 좋아하게 만들기는 참 어렵네요. 그래도 싫어하지 않는 게 어딘가 싶어 그저 기쁩니다). 솔직한 마음을 담은 글이기만 하면, 언제든 칭찬하고 응원하는 사람이 곁에 있다는 걸 알려주고 싶습니다. 자기들의 글을 열렬히 기다리고, 칭찬하고 공감하는 독자가 한 명이라도 있다는 사실이 아이에겐 글을 쓸 힘이 되어 줄 거라고 확신합니다. 아이의 열렬한 독자가 되어 주시겠습니까?

글쓰기 원칙 ⑤
아이 스스로
읽어보고 고쳐 쓴다

입말 그대로 쓴 글이 가장 좋은 글이다

    퇴고는 꼭 필요합니다. "모든 초고는 쓰레기"[16]라고 말한 노벨문학상 수상자 헤밍웨이는 『무기여 잘 있거라』를 39번 고쳐 썼습니다.[17] 아이들도 자기가 쓴 글을 스스로 고칠 줄 알아야 합니다. 글을 고치려면, 좋은 글이 어떤 글인지 알아야 하고, 무엇보다 써 놓은 글이 있어야 합니다. 그래서 글쓰기 수업 초반에는 고쳐쓰기를 강조하지 않습니다. 글쓰기 수업 중 좋은 글과 나쁜 글을 비교해서 들려줍니다. 글보다는 대화에, 몇 줄이라도 솔직한 심정을 쓰는 데 힘을 쏟습니다. 우직하게 아이를 지지하는 독자가 되어서 아이가 마음 놓고 쓴 글을 거리낌 없이 보여 주는 분위기를 만드는 데 공을 들입니다. 글을 써야 고칠 수 있으므로, 몇 문장이라도 일단 써보는 데 의미를 둡니다.

몇 주가 지나고, 제법 글쓰기 근육이 생겼다는 느낌이 들면 그때부터 고쳐 쓰기를 살살 시작합니다. 초등학생도 읽고 나면 좋은 글과 나쁜 글을 금방 알아챕니다. 좋은 글은 읽기 쉽고, 이해하기도 쉽습니다. 그래서 저는 아이들에게 읽고 나서 "무슨 말이야?", "그래서, 뭐 어쩌라는 거야?"라고 글쓴이에게 묻고 싶으면 못난 글이라고 알려줍니다. 잘 쓰려고 하지 말고, 못난 글만 피하면 된다고 합니다.

고쳐쓰기는 이렇게 시작합니다. 평소처럼 아이의 글을 재미있게 읽다가 이해가 안 되는 문장을 소리 내어 읽습니다. 그러고는 "이게 무슨 뜻이야? 선생님이 이해가 잘 안 돼서."하고 묻습니다. 아이는 그동안 자기 글을 뜨겁게 환영하며 읽어 준 독자인 선생님에게 자기가 쓴 문장의 뜻을 기꺼이 알려줍니다. "아하! 그런 뜻이구나. 선생님이 이해를 못 했으니 반 친구도 이해하기 어렵겠는데? 요 문장을 네가 방금 한 말로 바꿔서 쓰면 되겠다!"하고 자연스럽게 퇴고 방향을 알려줍니다. 아래 질문에 스스로 답하고, 고쳐보라고 합니다.

1. 솔직하게, 정성껏 썼나?
2. 소리 내어 한 번 이상 읽었나?
3. 소리 내어 읽기 쉽나?

4. 딱 읽으면, 확 이해되나?

5. 하고 싶은 말이 정확히 담겨있나?

글쓰기 수업이 계속되면, 글에 멋을 부리기 시작하는 아이들이 하나둘 생깁니다. 글솜씨가 좀 있는 아이들이 인터넷이나 신문 기사에 나온 표현을 그대로 따라 씁니다. 좋은 표현을 기억했다가 상황에 맞게 쓰면, 글쓰기 실력이 나아집니다. 하지만 '멋'을 부린 글은 어색합니다. 진심을 그대로 전할 수 없습니다. 생명 존중에 관한 글을 쓰는 시간에 2학년 아이가 "소중한 생명을 학대하는 것은 지탄받아 마땅한 일인 것이다."라는 문장을 썼습니다.

평소 책도 많이 읽고, 글도 잘 쓰는 아이인데, 그날따라 힘을 확 주어 글을 쓴 게 눈에 보였습니다. 아이에게 무슨 뜻이냐고 물으니 "생명은 소중하니까 때리거나 아프게 하지 말고, 귀하게 여겨야 한다는 말이죠."라고 했습니다. 멋 부린 문장보다 아이의 말이 더 예뻤습니다. 저는 아이가 하는 말을 받아쓰고는 아이가 쓴 두 문장을 비교해서 보여주었습니다. 아이에게 어떤 글이 더 듣기 좋은지 고르라고 했습니다. 아이는 수줍게 아이의 말을 받아쓴 문장을 골랐습니다.

"좋은 글이란 쉽고, 짧고, 간단하고, 재미있는 글입니다. 멋 내려고 묘한 형용사 찾아 넣지 마십시오. 글 맛은 저절로 우러나는 것입니다."[18]

– 『나의 문화유산 답사기』 저자 유홍준

듣기 좋은 글이 좋은 글입니다. 좋은 글은 좋은 말과 같습니다. 바꾸어 말하면, 알아듣기 쉬운 말을 그대로 옮겨 쓴 것이 좋은 글이지요. 자신의 솔직한 감정이나 생각이 드러난, 이해하기 쉬운 글이 좋은 글입니다. 멋을 부리거나 어른의 글을 흉내 내지 않고, 자기 입말대로 글을 쓰고, 고치게 합니다.

하버드 글쓰기 센터에서는 전문 용어를 많이 사용해야 하는 논문조차 읽기 쉽고, 사고의 흐름이 명확히 보이게 써야 한다고 조언합니다. 주제를 선택한 이유, 조사한 문헌과 연구 방법을 평범한 사람도 알기 쉽게 풀어낸 논문이 좋은 논문이라고 합니다. 우리나라 대학교 논술 시험도 얼마나 많은 것을 알고 있냐가 아니라 '논증' 즉, 사고 과정을 논리적으로 제시하여 다른 사람이 알기 쉽게 풀어내는지에 중점을 두고 평가합니다. 글의 종류와 관계없이 술술 읽고 이해할 수 있는 글이 좋은 글입니다.

입말 그대로 쓴 글이 가장 아이다운 걸 알면서도, 자꾸 아이의 글에 손대고 싶어집니다. 아이들의 글을 읽으면, 욕심이 납니다. 꾸미는 말을 더 넣고 싶고, 낱말을 바꾸고 싶고, 내용을 빼거나 더하고 싶습니다. 한 번은 아이와 일기를 쓰려고 대화하다가 "엄마, 우리 반에 ○○가 코딱지를 파서 먹는 거야! 우웩! 너무 더러워서 '눈썹코빼기'도 안 돌리고 싶더라니까."라고 했습니다. 저는 '눈썹 코빼기'라는 말이 웃겨서 한참 웃다가 무슨 뜻이냐고 했더니 아이가 "여하튼 눈썹 끝도 안 돌리고 싶단 얘기야."라며 일기를 썼습니다. 아이의 일기에는 저에게 했던 표현 그대로

수업 시간에 코를 파서

먹는 모습도 봤는데

너무 더러워서 ○○○쪽으로

눈썹 코빼기도 안 돌렸다.

그대로 '눈썹 코빼기'라고 썼습니다.

또 한번은 아이가 막창에 관한 일기에(140쪽 참고) '냄새도 쫄깃하다', '막창이 저절로 입을 움직이게 만든다'라는 표현을 썼습니다. 저는 하마터면 '냄새가 어떻게 쫄깃해?', '막창이 어떻게 저절로 입을 움직이게 만들어? 네가 움직이는 거지.'하고 참견할 뻔했습니다. 이치에 맞는 말이 아니니까, 국어사전에 없는 말이라는 핑계로 아이의 글에 손을 댈 뻔했습니다.

'그런 표현이 어딨어?'라는 거친 말로 아이의 반짝이는 입말을 막을 뻔했습니다. 그러나 아이의 글은 아이가 고치게 한다는 원칙을 지킨 덕분에 아이의 멋진 표현을 남겼습니다. 아이 말이 생소하고, 이상해 보여도 입말 그대로 쓰게 해주세요. 아이의 글을 어른이 함부로 고치는 순간 이상하게 틀어집니다. 좋은 글을 많이 들려주고, 소리내기 쉽게, 이해하기 쉽게 고치게 도와주세요. "멋 내지 않고, 저절로 우러난" 아이의 글맛을 아이도, 글쓰기를 가르치는 선생님과 부모님도 맛보시길 바랍니다.

부록

글쓰기 좋은 질문
50

글쓰기 질문의 구성 방향

　과학 기술의 발전으로 사회의 변화 속도는 점점 빨라지고 있습니다. 경제협력개발기구OECD 2030 프로젝트를 보면, 복잡하고 전망하기 어려운 미래 사회를 실감할 수 있습니다. OECD 2030 프로젝트[1]는 나침반으로 표현됐습니다. 각자 목적지를 정하고, 나침반을 활용해서 스스로 길을 찾으라고 말하는 느낌입니다. OECD 교육 나침반에서 바늘은 각각 지식, 기능, 가치, 태도이며, 방향은 새로운 가치 창출, 긴장과 딜레마를 다루는 능력, 책임감, 역량입니다.

　2000년대 초반에 발표한 OECD DeSeCo Definition and Selection of Competencies에서는 교육의 목표를 '성공'에 두었지만, OECD 2030 프로젝

트에서는 교육 목표가 개인과 사회의 '웰빙'이라고 합니다. 누구나 인정하는 성공보다 개인이 느끼는 행복이 교육의 목표가 됐습니다. OECD 교육 학습 프레임워크에서는 역량의 지향점마저 변혁적 역량에 두었습니다. 앞일은 원래 내다보기 힘들다지만, 아이들이 살아갈 세상은 더 복잡다단하고 변화무쌍하다는 것만큼은 확실해 보입니다.

"분명한 것은 하나다. 지금 학교에서 배우는 것들은 40살이 되면 대부분 쓸모가 없어질 것이다. 그렇다면 어디에 집중해야 할까? 내가 해줄 수 있는 조언은 '개인의 회복력'과 '감성지능'에 힘쓰라는 것이다."[2] – 『사피엔스』작가 유발 하라리 Yuval Noah Harari

"'향후 10년 후 무엇이 바뀔 것인가?'라는 질문을 자주 받는다. 매우 흥미로운 질문이지만, 흔한 질문이다. 나는 '향후 10년 동안 무엇이 변하지 않을 것인가?'라는 질문을 거의 받지 못했다. 나에게는 후자가 더 중요하다."[3] – 아마존 CEO 제프 베조스 Jeff Bezos

"정치든 경제든 사회든 점점 스토리와 디자인이 중요해진다. 하이콘셉트 high-concept 가 각광받을 것이다. 감성과 예술까지 아우르면서 전체를 조망하는 통섭과 종합의 능력을 뜻한다. 인간의 오른쪽 뇌가 주로 관장하는 영역들이어서, 우뇌의 시대 개막이라고 표현할 수도 있다."[4] – 미래학자 앨빈 토플러 Alvin Toffler, 리처드 왓슨 Richard Watson, 다니엘 핑크 Daniel Pink

세계적 석학, 세계 1위 기업의 CEO, 저명한 미래학자의 말을 종합해보면, 변하지 않을 가치를 추구하고, 아이가 변화를 능동적으로 받아들일 능력을 갖추게 돕는 것이 부모와 교사가 해야 할 일입니다. 변하지 않는 가치는 무엇일까요? 교통수단의 형태는 말, 기차, 비행기, 자율주행차로 변화했지만, 더 빠르고 편하게 이동하고 싶은 사람의 욕구는 변하지 않았습니다. 가발, 화장품, 성형 의술 등 미용 분야의 기술은 발전을 거듭했지만, 아름다운 외모를 갖고 싶은 사람의 마음은 인간 역사의 시작부터 바뀌지 않았습니다. 변하지 않는 가치는 바로 '사람'입니다.

사람에 대한 깊은 이해와 애정이 그 어느 때보다 필요한 시대에 살고 있습니다. 이미 AI는 우리 생활 깊숙이 들어왔고, 가까운 미래에 AI가 일자리 대부분을 차지할 겁니다. 사람이 AI보다 더 잘할 수 있는 일은 감정입니다. 자기 감정을 바르게 이해하고, 다른 사람의 마음을 헤아려 보듬는 능력이 경쟁력입니다. 그래서 글쓰기 질문 수업의 중심에는 '나'와 '사람'이 있습니다. '나'를 소중히 여기는 마음을 갖고, 다른 사람도 자기 자신처럼 소중하게 여기는 마음을 갖도록 돕기 위해 질문하고, 글을 씁니다.

'글쓰기 좋은 질문 50'은 자신을 사랑하고, 가족과 친구를 사랑하고 더 나아가 모든 사람을 품는 따뜻한 시선을 갖기를 바라는 마음으로, 질문과 도움 질문을 엄선하였습니다. 또한 실제 우리 반 학생과 수업할 때 제가 쓴 글을 보여주듯, 예시글을 제시하여 글을 쓰는 아이도, 지도하는 부모님도 막막하지 않게 글을 쓸 수 있도록 구성했습니다.

01 새 학년이 되어 새로운 친구와 선생님을 만났어요. 나를 소개해볼까요?

(?) 이름을 알려줘야 친구와 선생님이 나를 부를 수 있겠죠? 이름에 담긴 뜻이나 이야기를 같이 쓰면 더 좋아요. 불리고 싶은 별명이 있으면 별명도 말해줘요.

내 이름은 ＿＿＿＿＿＿＿＿＿＿＿ 입니다.

(?) 가족을 소개하고 싶어요? '내 동생은 잘 때 방귀를 뿡 뀌는 게 특기야.'와 같이 가족에 관한 재미난 이야기를 슬쩍 해도 좋아요.

우리 가족은 ＿＿＿＿＿＿＿＿＿＿＿＿＿＿＿＿＿.

(?) 내가 잘하거나 좋아하는 일, 친구들과 같이 하고 싶은 일을 얘기하면 관심이 비슷한 친구를 빨리 사귈 수 있어요.

나는 ＿＿＿＿＿＿＿＿＿＿＿＿＿＿＿＿ 을/를 좋아합니다.

(?) 친구나 선생님에게 부탁하고 싶은 일이나 새학년이 된 내 각오를 얘기하며 글을 마무리하면, 더 인상 깊답니다.

앞으로 친구들과 ＿＿＿＿＿＿＿＿＿ 을/를 하고 싶습니다.

내 이름은 윤희솔입니다. 언젠가부터 '솔아', '솔샘'하고 부르는 사람이 많아졌습니다. 입안에서 바람이 솔~ 하고 부는 느낌이 좋아서 언젠가부터 '솔샘'이라고 소개하게 됐습니다. 우리 가족은 남편, 아들 둘이 있습니다. 아들 둘은 공룡을 좋아했고, 지금은 레고에 푹 빠져 있습니다. 남편은 나를 '땡글이'라고 놀리는 걸 **좋아합니다**. 난 산책하고 커피 마시는 걸 좋아합니다. 바닷가가 보이는 카페에 앉아서 커피를 마시면 기분이 정말 좋아집니다. 한 해 동안 여러분과 책도 많이 읽고, 같이 운동장에서 재미난 놀이도 하고 싶습니다. 내 도움이 필요할 땐 언제든 오세요. 선생님은 여러분의 말을 귀 기울여 잘 들을 준비가 되어 있답니다!

🔍 어휘 익히기

예시글에서 궁금한 낱말을 사전에서 찾아보아요.
좋아하다 : 어떤 일이나 사물 따위에 대하여 좋은 느낌을 가지다.

찾아본 낱말로 문장을 만들어 보세요.
나는 친구와 이야기 하는 것을 매우 좋아한다.

💬 도움말

부모님이 솔선수범해서 아이에게 자기소개해보세요.

211

02 내가 좋아하는 냄새 중 한 가지를 정해서 설명해볼까요?

(?) 언제 맡을 수 있는 냄새인가요?

내가 좋아하는 냄새는 _____ 때 나는 냄새입니다.

(?) 어디서 맡아봤어요?

그 냄새는 _____ 에서 맡아봤어요.

(?) 그 냄새는 어떻게 하면 맡을 수 있어요?

_____ 하면 냄새가 나요.

(?) 그 냄새는 무슨 냄새랑 비슷해요?

그 냄새는 _____ 와 냄새가 비슷해요.

(?) 그 냄새가 왜 좋아요?

왜냐하면 _____ 하기 때문에 좋아요.

내가 좋아하는 냄새는 아침에 이불 속에서 맡는 밥 냄새다. 솥이 치익~하고 내는 소리를 내며 내는 밥 냄새는 참 **따뜻하다**. 보통은 엄마 집에 가서 늦잠 잘 때 맡을 수 있고, 남편이 나 대신 아침 식사를 준비할 때는 집에서 맡을 수 있다. 밥 냄새에는 우리 엄마 냄새가 난다. 어렸을 때 '뻥이요~'하고 튀기던 뻥튀기 냄새랑 비슷하기도 하다. 엄마도 좋고, 어려서 놀던 골목길이 생각나서 아침에 맡는 밥 냄새가 좋다. 또, 밥 냄새가 난다는 건 내가 아침 밥상을 안 차려도 된다는 의미니까 더 좋은 것 같다! 하하하!

 어휘 익히기

예시글에서 궁금한 낱말을 사전에서 찾아보아요.

따뜻하다 : 덥지 않을 정도로 온도가 알맞게 높다.

찾아본 낱말로 문장을 만들어 보세요.

어서 겨울이 지나고 따뜻한 봄이 왔으면 좋겠다.

💬 도움말

최근에 아이와 맡아본 냄새 중 하나를 찾아 어땠는지 알려주세요.

03 여러분이 신문에 나왔어요! 여러분은 무슨 일로 신문에 나왔을까요? 기사를 써보세요.

(?) 기사의 제목은 무엇인가요?

기사 제목은 _____ 입니다.

(?) 언제 여러분이 신문에 나온지를 알려줘야 찾아볼 수 있겠죠?

_____ 년 _____ 월 _____ 일

(?) 언제, 어디에서 생긴 일인가요?

지난 _____ 에 _____ 에서

_____ 풍경이 벌어져 화제다.

(?) 무슨 일로 신문에 나왔나요?

_____ 은/는 _____ 한 일로

_____ .

할머니 선생님요? 얼마나 좋은데요! / 2041년 2월 22일

지난 2월 20일, ○○의 한 초등학교에서는 특별한 종업식 풍경이 벌어져 화제다. 1학년 1반 어린이들은 3월에 입학할 1학년 1반 학생에게 전하는 '솔샘 사용 설명서'를 각자 써서 책상 위에 올려두었다. 한 남학생은 장난기 가득한 얼굴로 "우리 선생님은 엄청 재미있는 할머니 선생님이에요. 그런데 몇 가지를 조심해야 **평화롭게** 지낼 수 있거든요. 진짜 멋진 1학년 생활을 돕고 싶어서 '솔샘 사용 설명서'를 썼답니다!"하고 말했다. 이 반의 담임인 윤희솔 선생님은 앞으로 얼마 남지 않은 교직 생활을 아이들과 함께 즐겁게 지내고 싶다는 뜻을 밝혔다.

🔍 **어휘 익히기**

예시글에서 궁금한 낱말을 사전에서 찾아보아요.
평화롭다 : 평온하고 화목하다.

찾아본 낱말로 문장을 만들어 보세요.
아이의 잠자는 얼굴은 고요하고 평화롭다.

💬 **도움말**

아이가 관심 가질 신문 기사를 찾아서 기사 쓰는 양식을 참고해보세요.

04 '서울'하면 떠오르는 모습이나 느낌이 있나요?

(?) 서울에 언제 가봤나요?

저는 _____에 서울에 가봤어요.

(?) 어디에 가봤나요?

서울의 _____에 가봤어요.

(?) 그곳에 가서 무엇을 했나요?

_____에 가서 _____를 했어요.

(?) 냄새나 지나가는 사람의 모습은 어땠어요?

서울에서 본 _____은/는

_____처럼 보였어요.

(?) 서울에서 살고 싶은가요? 왜 그렇게 생각했어요?

저는 _____에 살고 싶어요. 왜냐하면

_____이기 때문이에요.

216

예시 답안

'서울'하면 엄청 많은 사람이 분주하게 뛰어다니는 지하철역이 떠오른다. 서울에는 느긋하게 걷는 사람을 보기 힘들다. 많은 사람이 있으니 그만큼 다양하게 생긴 사람들이 휙휙 정신없이 지나간다. 서울은 냄새도 마구 뒤섞여 있고, 어디에나 사람이 많아서 지방에서 태어나고 자란 나에겐 참 신기하면서도 **피곤하게** 느껴지는 곳이다.

 어휘 익히기

예시글에서 궁금한 낱말을 사전에서 찾아보아요.

피곤하다 : 몸이나 마음이 지치어 고달프다.

찾아본 낱말로 문장을 만들어 보세요.

피곤해서 그런지 잠이 솔솔 온다.

 도움말

아이와 갔던 곳을 회상하며 보고, 듣고, 느꼈던 것에 대해 이야기해보세요.

05 여러분은 봄, 여름, 가을, 겨울 중 어떤 계절을 가장 좋아하나요?

(?) 무슨 계절을 좋아해요?

내가 가장 좋아하는 계절은 _____이에요.

(?) 왜 그 계절을 좋아하나요?

_____를 좋아하는 이유는 _____

이기 때문이에요.

(?) 그 계절의 모습, 공기, 냄새는 어때요?

_____의 계절은 _____해요.

(?) 그 계절에 먹으면 특별히 맛있는 음식이 있나요?

_____에는 _____를 먹으면 특히

맛있어요..

내가 가장 좋아하는 계절은 초여름이다. 초여름의 나뭇잎 색은 뭐라고 표현하기 어렵게 싱그럽고 아름다워서, 나무를 보기만 해도 숨이 편안하다. 가볍게 반소매 티셔츠를 입고 숲을 걸으면 살갗에 닿는 촉촉한 공기가 정말 좋다. 여름을 좋아하는 또 하나의 이유는 나는 여름에 제일 건강하기 때문이다. 나는 추위에 약해서 겨울엔 자주 아프지만 여름엔 아주 **쌩쌩하다**. 폭염경보가 있는 날에도 에어컨을 틀지 않고 지낼 정도로 더위를 안탄다. 해변에 앉아 따끈따끈한 햇빛을 받으며 아이스 아메리카노를 달그락거리며 마시면 눈도 마음도 다 시원해진다. 여름이 빨리 왔으면 좋겠다.

 어휘 익히기

예시글에서 궁금한 낱말을 사전에서 찾아보아요.
쌩쌩하다 : 시들거나 상하지 아니하고 생기가 있다.

찾아본 낱말로 문장을 만들어 보세요.
꽃병에 물을 갈았더니 꽃이 쌩쌩하다.

💬 도움말

봄, 여름, 가을, 겨울 계절마다 어떤 특징이 있는지에 대해 알려주고, 아이가 좋아하는 계절을 선택해보게 해주세요.

06 언젠가부터 자꾸 양말 한 짝이 사라져요. 사라진 양말에 관한 이야기를 상상해서 써보세요.

(?) 양말 한 짝은 대체 어디로 가는 걸까요?

내 양말은 아마도 _____로 가는 것 같아요.

(?) 이 양말은 누가 가져가는 걸까요?

우리 집에는 _____가 사는데, _____

_____가 가져가서 양말이 사라지고 있는 거예요.

(?) 누군가 가져간다면 왜 가져가지요?

_____은/는 _____가 필요하기

때문에 가져가는 것이에요.

(?) 사라진 양말은 어디에 쓰이나요?

사라진 양말은 _____에 사용되고 있어요.

우리 집에는 행복을 가져다주는 거미, 행복 거미가 산다. 행복 거미는 4차원에 있는 행복을 거미줄로 칭칭 감아서 우리 집에 가져다 놓는다. 커다란 행복을 가져오려면 행복 거미줄로는 **부족해서** 양말을 만들 때 쓰는 실처럼 튼튼한 실이 필요하다. 행복 거미는 가족의 웃음소리를 먹고 힘을 길러서 커다란 행복을 가져온다. 특히 고린내가 진한 아이들의 양말이 강력해서 아이들 양말이 잘 사라진다.

어휘 익히기

예시글에서 궁금한 낱말을 사전에서 찾아보아요.
부족하다 : 필요한 양이나 기준에 미치지 못해 충분하지 아니하다.

찾아본 낱말로 문장을 만들어 보세요.
문제를 다 풀기에는 시간이 부족하다.

도움말

양말 외에도 아이가 자꾸 없어진다고 하는 물건들이 있다면 그게 어디로 갔는지 아이의 호기심과 상상력을 자극해보세요.

07 여러분이 살고 싶은 집은 어떤 모습인가요?

(?) **집은 어디에 있어요? 도시에 있나요? 아니면 바다나 숲이 가까운 곳?**

제가 살고 싶은 집은 _____가 있고,

_____ 하는 곳이여야 해요.

(?) **집의 모양은 어때요?**

밖에서 보면 _____이고, 문을 열고 들어가면

_____ 집이었으면 좋겠어요.

(?) **여러분이 살고 싶은 집의 특징이 있다면?**

내가 살고 싶은 집은 _____입니다.

(?) **그 집에서 무얼 하고 싶나요?**

거실 한쪽에서 _____하고, 마당에서는

_____ 하며 _____ 하고,

방에 들어가 _____고 싶어요.

예시 답안

나는 바닷가에 식당과 카페가 많아서 음식 배달이 잘 되는 곳에 살고 싶다. 내가 그리는 집의 모습은 이렇다. 현관을 열면 마당에서 놀던 셰퍼드 강아지가 꼬리를 흔들며 반겨준다. 강아지랑 공놀이를 좀 하다가 손을 씻고, 유리로 된 중문을 열고 들어가면 천장이 높고 해가 잘 드는 거실이 보인다. 넉넉한 주방에서 가족 모두 함께 저녁 준비를 하고, 햇빛을 닮은 조명이 밝혀주는 식탁에 둘러앉아 하루 있었던 일을 이야기하며 서로를 토닥여준다. 저녁을 먹은 후에 나는 거실 한쪽에 있는 테이블에 앉아 책을 읽고, 글도 쓴다. 아들 둘은 아빠랑 같이 피시방처럼 꾸민 방에 들어가서 게임을 한다. 이렇게 내가 살고 싶은 집은 우리 가족이 함께, 또 따로 **어우렁더우렁** 사는 집이다.

 어휘 익히기

예시글에서 궁금한 낱말을 사전에서 찾아보아요.
어우렁더우렁 : 여러 사람들과 어울려 들떠서 지내는 모양

찾아본 낱말로 문장을 만들어 보세요.
새로 사귄 친구들과 어우렁더우렁 잘 지내고 싶다.

💬 **도움말**

살고 싶은 집이 어떤 집인지 그려질 정도로 자세하게 이야기하게 유도해주세요.

223

08 시각, 청각, 후각 중 하나를 골라 집에서 나와 학교 가는 길에 느낄 수 있는 것을 나열해볼까요?

(?) ① 시각, ② 청각, ③ 후각 중 어떤 것을 고르겠어요?

① 저는 ＿＿＿＿＿＿＿＿＿＿＿을/를 골랐습니다.

② 저는 ＿＿＿＿＿＿＿＿＿＿＿을/를 골랐습니다.

③ 저는 ＿＿＿＿＿＿＿＿＿＿＿을/를 골랐습니다.

(?) 집에서 학교 가는 길에 느낄 수 있었던 것을 시간 순서대로 나열해볼까요?

① ＿＿＿＿＿＿＿＿＿＿를 보았고, ＿＿＿＿＿＿＿＿＿한

모습, ＿＿＿＿＿＿＿＿＿＿를 느낄 수 있습니다.

② ＿＿＿＿＿＿＿＿＿＿를 들었고 ＿＿＿＿＿＿＿＿＿한

소리, ＿＿＿＿＿＿＿＿＿＿를 느낄 수 있습니다.

③ ＿＿＿＿＿＿＿＿한 냄새를 맡았고 ＿＿＿＿＿＿＿한

향기, ＿＿＿＿＿＿＿＿＿＿를 느낄 수 있습니다.

윗집 아저씨가 텀블러에 들고나오는 갓 내린 커피 향, 몹시 추운 날을 빼고는 테라스 문이 열려 있는 집에서 나는 밥 냄새, 슬리퍼를 신고 나온 아저씨가 아파트 한쪽 구석에서 피는 담배 냄새, 출근길에 가끔 만나는 아주머니의 진한 화장품 냄새, 비 올 때 더 진하게 나는 학교 뒤쪽 공원의 흙냄새, 학교 현관에 들어서면 나는 소독약 냄새.

 어휘 익히기

예시글에서 궁금한 낱말을 사전에서 찾아보아요.
피다 : 연탄이나 숯 따위에 불이 일어나 스스로 타다.

찾아본 낱말로 문장을 만들어 보세요.
고기를 굽기 위해 숯을 피운다.

💬 도움말

학교 가는 길을 오감을 사용해서 관찰하고 느끼게 해 주세요. 등교길이 색다르게 보일 겁니다. 낯익은 것을 낯설게 보는 데서 창의성이 싹틉니다.

09 시간과 공간을 초월해서 딱 한 명의 사람을 만날 수 있다면 누구를 만나고 싶나요?

(?) **시간과 공간을 초월해서 누구를 만나고 싶나요?**

저는 _____을/를 만나고 싶어요.

(?) **그 사람을 만나고 싶은 이유는 무엇인가요?**

_____을/를 만나고 싶은 이유는 _____

하고 싶기 때문이에요

(?) **그 사람을 만나 무슨 이야기를 하고 싶어요?**

_____을/를 만나서 _____에 대해

이야기할 거예요.

(?) **무엇을 함께 해보고 싶은가요?**

앞으로 _____이기 때문에 _____와

함께 _____를 하고 싶어요.

나는 단군 할아버지를 만나고 싶다. 한반도도 참 살기 좋은 아름다운 곳이지만, 태평양을 건너 북아메리카라는 넓은 대륙에 자리를 잡으라고 간곡히 부탁드리고 싶다. 몇천 년 후에 피부가 하얗고 총과 칼을 든 사람들이 배를 타고 이 땅을 침략하려고 할 테니, 후손에게 대대로 국방을 **튼튼히** 지키게 하라고 말씀드릴 거다. 북아메리카는 아주 아주 넓어서 많은 사람이 함께 살 수 있으니까 이 부족, 저 부족 따지지 말고 다 같이 사이좋게 구역을 나누어 평화롭게 지내도록 부탁하는 것도 잊지 않을거다.

🔍 어휘 익히기

예시글에서 궁금한 낱말을 사전에서 찾아보아요.
튼튼하다 : 무르거나 느슨하지 아니하고 몹시 야무지고 굳세다.

찾아본 낱말로 문장을 만들어 보세요.
우유는 뼈를 튼튼하게 해주는 음식이에요.

 도움말

아이가 만나고 싶은 인물들을 생각해낼 수 있도록, 역사 속의 인물에 관해 자주 이야기를 나눠보세요.

227

10 아이스크림을 한 번도 먹어보지 못한 외계인에게 여러분이 좋아하는 아이스크림을 설명해볼까요?

(?) 여러분이 좋아하는 아이스크림은 무엇인가요?

나는 ＿＿＿＿＿＿＿＿＿＿ 아이스크림을 좋아해요.

(?) 냄새는 어떤가요?

아이스크림이 샤라락 목으로 내려가면서 ＿＿＿＿＿＿.

(?) 처음 아이스크림을 입에 넣었을 때 나는 맛은?

아이스크림을 한입 가득 넣으면 ＿＿＿＿＿＿＿.

(?) 아이스크림이 다 넘어가면, 어떤 느낌인가요?

아이스크림이 다 녹아 없어지면 ＿＿＿＿＿＿＿.

나는 커피와 초콜릿이 섞인 아이스크림을 좋아한다. 아이스크림을 숟가락으로 푸욱 퍼서 한입 가득 넣으면 눈이 찡긋 감길 정도로 **차갑다**. 입안에서 아이스크림이 스르르 녹으면, 눈이 번쩍 떠지는 단맛이 난다. 아이스크림이 샤라락 목으로 내려가면서 커피의 구수한 향이 쏴아~ 올라온다. 달콤한 초콜릿 맛과 약간 쌉싸름한 커피 맛이 혀에 착 감기고, 입안 가득 있던 아이스크림이 벌써 사라진다. 아이스크림이 다 녹아 없어지면 침이 사악 돈다. 다시 아이스크림을 입에 넣을 시간이 된 거다.

🔍 **어휘 익히기**

예시글에서 궁금한 낱말을 사전에서 찾아보아요.
차갑다 : 촉감이 서늘하고 썩 찬 느낌이 있다.

찾아본 낱말로 문장을 만들어 보세요.
겨울바람이 차가우니 집에 일찍 들어가야 겠다.

💬 **도움말**

아이가 좋아하는 아이스크림을 먹기 전에 관찰하게 하세요. 그리고 먹으면서 또는 먹고 난 후의 아이스크림 맛을 자세히 설명하게 해보세요.

11 지금도 생각나는 생생한 꿈을 설명해 볼까요?

(?) **누가, 무엇이 등장했나요?**

_____ 하는 꿈이 아직도 생생해요.

(?) **꿈속 세상은 색깔이 있었나요, 아니면 흑백인가요?**

꿈속 세상은 _____.

(?) **무슨 일이 있었나요?**

_____ 하는 일이 있었어요.

(?) **어디에서, 무엇을 보았나요?**

_____ 에서 _____ 을/를 보았어요.

(?) **잠에서 깨어나서 어떤 느낌이 들었어요?**

잠에서 깨니 _____ 한 꿈이었어요.

존경하는 선배 선생님이랑 열기구를 탄 꿈이 아직도 생생하다. 한 번도 못 타본 열기구가 신기해서 **냉큼** 올라탔다. 열기구가 부웅 뜨더니 금방 내가 사는 집도, 집 근처의 산도 저 밑으로 까마득하게 작아졌다. 너무 높이 올라가서 무서워하고 있는데, 선배 선생님이 열기구를 능숙하게 잘 운전하면서 아래를 보지 말고 저 멀리 경치를 보라고 했다. 선배가 가리킨 풍경은 아름다웠다. 커다란 폭포가 소리를 내며 떨어지고, 알록달록한 새가 날아다니고, 울창한 숲이 우거진 낙원 같은 곳이었다. 새가 우는 소리에 고개를 돌렸는데, 휴대전화 알람 소리였다. 꿈에서 깬 것이 안타까울 정도로 신나는 꿈이었다.

🔍 어휘 익히기

예시글에서 궁금한 낱말을 사전에서 찾아보아요.

냉큼 : 머뭇거리지 않고 가볍게 빨리.

찾아본 낱말로 문장을 만들어 보세요.

냉큼 집에 들어오지 못하겠니?

💬 도움말

아이가 호기심을 가질 흥미로운 꿈을 꾸었다면 이야기를 꺼내주고 아이가 꾼 꿈을 이야기하도록 유도해보세요.

12

동물원에서 판다가 도망쳤다는 뉴스를
보고 있는데, 문을 두드리는 소리가 났
어요. 문을 열어보니 판다가 고향으로
돌아가게 도와달라며 울고 있네요! 여
러분은 어떻게 할래요?

(?) 판다를 집에 들어오라고 할래요? 아니면 동물원이나 경찰서에 신고할래요?

저는 우선 판다를 _____ 하게 할래요.

(?) 그렇게 결정한 이유는 무엇일까요?

판다는 _____ 해서 _____ 했을 테니까요.

(?) 판다에게 무엇을 물어보고 싶나요?

판다에게 _____ 을/를 물어 볼래요.

(?) 동물원에 있는 판다는 왜 고향으로 돌아가고 싶어할까요?

판다가 고향에 가고 싶은 이유는 _____
이기 때문이에요.

우선 지친 판다를 집안으로 초대해서 좀 쉬게 해줄 것이다. 판다는 동물원을 탈출해서 낯선 우리 집 문을 두드릴 때까지 너무 힘들었을 테니까 말이다. 그동안 다른 사람에게는 부탁해봤는지, 어쩌다 고향을 떠나 우리나라 동물 원까지 왔는지 자초지종을 들어볼 것이다. 판다를 도와줄지 도와주지 않을 지는 판다의 이야기를 더 들어봐야겠다. 판다가 고향에 가야 하는 이유도 들 어 봐야겠다.

🔍 어휘 익히기

예시글에서 궁금한 낱말을 사전에서 찾아보아요.
자초지종 : 처음부터 끝까지의 과정.

찾아본 낱말로 문장을 만들어 보세요.
어떻게 된 일인지 자초지종을 나에게 말해줘.

💬 도움말

최근에 나온 뉴스를 바탕으로 아이에게 "만약에?"라고 질문해보세요.

233

13 여러분이 30세가 되었을 때의 하루는 어떨까요?

? 여러분의 모습은 어때요?

나는 _____ 해졌네요. _____ 도
하고요.

? 어디에 살고 있나요? 그리고 함께 사는 가족이나 친구가 있어요?

_____ 에서 _____ 와 함께 살고 있어요.

? 무슨 일을 하나요?

저는 _____ 를 하고 있지요.

? 행복한 하루인가요, 바쁜 하루인가요?

오늘은 _____ 한 하루였습니다.

? 언제 일어나서 언제 자요?

_____ 도 보고, _____ 도 하며
저녁 시간을 보내다가 _____ 시쯤 잠들어요.

〈선생님은 60세가 되었을 때의 평범한 하루를 상상하며 써볼게요.〉

나는 주름도 흰 머리도 많아졌다. 열심히 영양제를 챙겨 먹은 덕분에 머리숱은 **풍성해서** 다행이다. 작은 천이 내려다보이는 아파트에서 남편, 강아지 한 마리, 고양이 한 마리와 살고 있다. 오늘은 온라인 수업을 하는 날이라 평소보다 30분 늦게 일어났다. 실시간 화상 수업으로 글쓰기를 가르치고, 학생이 쓴 글을 첨삭해준다. 4시간을 내리 글쓰기 수업을 했더니 피곤하지만, 학생의 마음이 담긴 글을 읽으니 재미있고 힘도 난다. 오후에는 학생, 학부모님과 상담을 한다. 퇴근 후에는 남편과 함께 저녁을 만들어 먹고, TV도 보며 저녁 시간을 보내다가 10시쯤 잠든다.

🔍 어휘 익히기

예시글에서 궁금한 낱말을 사전에서 찾아보아요.

풍성하다 : 넉넉하고 많다.

찾아본 낱말로 문장을 만들어 보세요.

우리 엄마는 머리카락이 풍성하다.

 도움말

30세가 된 나에 대해서 이야기할 때는, 무엇을 하면 행복할지 상상하게 해보세요.

235

14

WHO에서는 21세기를 '전염병의 시대'라고 했어요. 코로나19와 같이 심각한 전염병이 많아지는 이유는 무엇일까요?

(?) 코로나19가 발생하게 된 원인은 무엇일까요?

코로나19의 원인은 _____로 알려졌어요.

(?) 21세기(2000년대)를 '전염병의 시대'라고 하는데요. 21세기에 유행한 전염병은 무엇이 있을까요?

_____나 _____도 무서운 전염병

이에요.

(?) 의료과학이 발달했는데도 전염병이 심해지는 이유는 무엇일까요?

2000년 이후에 심각한 전염병이 유독 많아진 것은

_____이/가 원인입니다.

(?) 코로나19 감염의 간단하고 확실한 예방책은 무엇이 있을까요?

예방책은 _____입니다.

코로나19의 원인은 아직 정확히 밝혀지지 않았지만, 인간이 아닌 다른 동물로부터 시작된 걸로 알려졌다. 사스SARS나 메르스MERS도 동물에서 시작된 바이러스가 사람에게 옮기면서 무서운 전염병이 되었다. 이렇게 2000년 이후에 심각한 전염병이 유독 많아진 이유는 동물이 살아갈 터전까지 사람이 건물을 짓고, 더 많은 고기를 얻기 위해 다양한 종류의 많은 가축을 사육하면서 인간이 동물이 사는 영역이 가까워졌기 때문이다. 교통의 발달로 전 세계 사람이 빈번하게 교류하여 전염병이 더 빠르고 넓게 퍼지는 것도 전염병의 피해가 늘어나는 원인이기도 하다. 환경을 지켜야 우리도 잘 살 수 있다.

🔍 어휘 익히기

예시글에서 궁금한 낱말을 사전에서 찾아보아요.
사육하다 : 어린 가축이나 짐승이 자라도록 먹이어 기르다.

찾아본 낱말로 문장을 만들어 보세요.
시골 뒷마당에는 닭을 사육하는 집이 많다.

💬 도움말

아이가 환경, 전염병, 정의, 평화에 관해 관심을 가지도록 자주 이야기를 나눠보세요.

15 지금은 존재하지 않는 새로운 기술을 여러분이 발명할 수 있다면 어떤 기술을 발명할래요?

(?) 발명하고 싶은 기술은 무엇인가요?

저는 _____ 기술을 발명하고 싶어요.

(?) 왜 그 기술을 생각했나요?

왜냐하면 _____ 때문이에요.

(?) 그 기술로 무엇을 하고 싶나요?

_____ 기술이 있다면 _____ 를

하고 싶어요.

(?) 그 기술이 있다면 어떤 점이 좋은 점이지요?

_____ 기술이 있다면 _____ 할

수도 있고, _____ 도 가능해요.

예시 답안

SF영화나 만화에서 자주 나오는 순간 이동teleportation 기술을 발명하고 싶다. 왜냐하면 바다를 보고 싶을 때가 많기 때문이다. 안타깝게도 내가 사는 곳에서 가장 가까운 바다는 차로 2시간이나 걸린다. **설상가상**으로 나는 운전을 잘못하는 데다가 싫어한다. 순간 이동 기술이 있다면 언제든 해변으로 뿅 하고 갈 수 있을테니 꼭 발명하고 싶다. 아빠, 엄마가 보고 싶을 땐 언제든 휘리릭 보고 올 수 있고, 학교에도 헐레벌떡 뛰어가지 않아도 될테니 얼마나 좋을까. 실제로 양자 물리학의 세계에서는 순간 이동이 가능하다고 하니, 순간 이동 기술로 어디든 여행할 날이 오지 않을까?

 어휘 익히기

예시글에서 궁금한 낱말을 사전에서 찾아보아요.
설상가상 : 눈 위에 서리가 덮인다는 뜻으로, 난처한 일이나 불행한 일이 잇따라 일어남을 이르는 말.

찾아본 낱말로 문장을 만들어 보세요.
설상가상으로 주위마저 어두워지기 시작했다.

도움말

영화나 만화에서 나오는 신기한 기술의 과학 원리를 함께 탐구하고, 언제 어떻게 활용할 수 있을지 대화해 보세요.

16 가족이 모두 다른 장소에 있을 때 지진이 난다면, 어떻게 해야 할까요?

? 지진 때문에 통신 장비가 망가질 수 있을까요? 통신 장비가 망가지면 어떤 일이 벌어질까요?

지진 때문에 통신 장비가 망가지면 _____.

? 지진이 나면 어디서, 어떻게 만날지 가족들과 함께 정해볼까요?

우리 가족은 각자 뿔뿔이 흩어져 있을 때 지진이 나면

_____.

? 집에 혼자 있을 때 지진이 나면 어떻게 해야 하나요? 화재, 지진 대피 훈련을 잘 떠올려봐요.

지진이 나서 흔들리는 동안에는 _____.

? 대피할 때 주의할 점은 무엇인가요? 지진이 났을 때 안전한 곳은 어디일까요?

지진이 날 때 주의할 점은 _____이고, 안전한 곳인 _____로 가야 해요.

지진 때문에 통신 장비가 망가지면 인터넷이 끊기고 전화 연락이 안 될 수도 있다. 우리 가족은 각자 뿔뿔이 흩어져 있을 때 지진이 나면 우리 집에서 가장 가까운 학교 운동장에서 만나기로 **약속했다**. 지진이 나서 흔들리는 동안에는 탁자 밑이나 계단, 기둥 옆에서 머리를 보호하면서 기다리다가 흔들림이 멈추면 안전하게 대피해야 한다. 집에 있는 사람은 가스 밸브를 잠그고, 신발장에 있는 재난 가방을 챙겨서 나오기로 했다. 상황이 급박해서 가스 밸브를 잠그거나 재난 가방을 챙길 수 없는 경우에는 지체하지 말고 계단으로 건물을 빠져나오기로 했다. 학교 운동장으로 갈 땐 무너지기 쉬운 벽이나 기둥, 떨어질 위험이 있는 간판, 넘어지기 쉬운 음료수 자판기를 피해야 한다.

🔍 **어휘 익히기**

예시글에서 궁금한 낱말을 사전에서 찾아보아요.
약속하다 : 다른 사람과 앞으로의 일을 어떻게 할 것인가를 미리 정하다.

찾아본 낱말로 문장을 만들어 보세요.
내일 친구와 공원에서 만나기로 약속했다.

💬 **도움말**

지진이나 화재 발생시 안전하게 대피할 방법을 이야기하고 실제로 대피 훈련도 해보세요.

17

**죽기 직전까지 책을 읽은 독립운동가
안중근 의사는 "하루라도 책을 읽지 않
으면 입안에 가시가 돋는다."라고 말했
어요. 무슨 뜻일까요?**

? 정말 책을 읽지 않으면 입안에 가시가 돋을까요?

저는 안중근 의사의 말을 듣고 '_____'

하고 생각했었어요.

? 만약에 정말로 입안에서 가시가 돋으면 어떨까요?

입안에서 진짜 가시가 돋는다면 _____

할 것이에요.

? 왜 많은 신체 부위 중 '입안'에 가시가 돋는다고 표현했을까요?

입안에 가시가 돋는다고 표현한 이유는 진짜 가시가 아니

라 _____ 라고 생각했어요.

? 즉, "하루라도 책을 읽지 않으면 입안에 가시가 돋는다."는 어떤 뜻이라
고 생각하나요?

_____ 라는 의미가 아닐까요?

처음엔 '그냥 책을 읽고 싶다는 뜻을 과장한 거겠지'하고 생각했다. 그러다 문득 많은 표현 중에 "가시가 돋는다"고 한 이유가 궁금해졌다. 그것도 다른 신체 부위도 아니고 '입안'에 돋는다고 한 이유를 생각해 보았다. 첫째, 입안에 진짜 가시가 돋는다면, 아무것도 먹을 수 없을 것이다. 그러니 책을 읽지 않으면 아무것도 먹고 싶지 않을 정도로 책을 읽고 싶다는 뜻이거나, 책을 읽지 않으면 먹을 자격이 없다는 뜻일 것 같다. 둘째, 입안에 가시가 돋는다고 표현한 이유는 진짜 가시가 아니라 입에서 나오는 말에 가시가 돋는다는 뜻일 수도 있다. 책을 읽지 않으면, 마음을 다스리지 못해서 다른 사람에게 상처를 주는 말을 하게 될 수도 있다는 의미가 아닐까?

어휘 익히기

예시글에서 궁금한 낱말을 사전에서 찾아보아요.

돋다 : 속에 생긴 것이 겉으로 나오거나 나타나다.

찾아본 낱말로 문장을 만들어 보세요.

봄이 되니 나뭇가지에 싹이 돋았다.

도움말

역사 속 위인들이 남긴 말을 위인의 삶과 연결해보고, 그 말의 숨은 뜻을 찾아보세요.

18 가장 최근에 게임이나 놀이에서 진 적이 있나요? 무엇을 배웠나요?

(?) **가장 최근에 무슨 게임(놀이)를 했나요?**

저는 _____와/과 _____을 했어요.

(?) **놀이에서 왜 졌다고 생각해요?**

_____했는데 _____해서 꼴찌가 됐지

뭐예요.

(?) **놀이에서 졌을 때 어떤 느낌이 들었나요?**

놀이에서 저서 _____ 해야 하니 _____.

(?) **다음에 이기려면 어떻게 하면 될까요?**

다음에 이기려면 _____ 해야 겠어요.

우리 가족은 젬블로를 자주 한다. 젬블로는 육각형 여러 개가 붙어있는 조각을 판에 최대한 많이 붙이는 땅따먹기 같은 보드게임이다. 아직 조각이 많이 남았는데 더 놓을 공간이 없어서 꼴찌를 했다. 다른 가족이 하는 게임을 지켜보기만 해야 하니 심심했다. 1등을 한 작은 아들은 가장 모양이 이상하고 육각형 개수가 많은 블록부터 놓는 전략을 썼다. 공격도 중요하지만, 먼저 자기 땅을 넓게 차지하는 것이 제일 중요하다. 다음에는 5개짜리 블록부터 밖으로 쫙~ 뻗어 놓고 내 땅을 넓혀야 겠다. 불끈!

어휘 익히기

예시글에서 궁금한 낱말을 사전에서 찾아보아요.
공격 : 남을 비난하거나 반대하여 나섬.

찾아본 낱말로 문장을 만들어 보세요.
아군은 적군에게 집중 공격을 받았다.

도움말

때로는 게임에서 지는 것이 나을 때가 있음을 알려주고, 이기려면 어떻게 해야 할지 전략을 세워보도록 하세요. 이길 때보다 훨씬 값진 경험을 할 수 있답니다.

19

친구에게 사과해야 해요. '미안해.'라는 말을 하지 않고 진심을 담아 사과해볼까요?

(?) **나와 싸운 친구의 마음은 어떨까요?**

나 때문에 친구가 _____ 것 같아요.

(?) **그 친구가 속상하지 않으려면 어떻게 해야 할까요?**

친구에게 일부러 _____ 하려는 건 아니었

다고 말해줘야 해요.

(?) **그 친구는 나에게 무엇을 원할까요?**

다시는 이런 일로 _____ 하지 않아야 겠어요.

(?) **앞으로는 친구에게 어떻게 말하고 행동해야 할까요?**

앞으로는 먼저 _____ 해야 겠어요.

○○야, 나 때문에 네가 아주 속상하구나. 일부러 너를 힘들게 하려는 건 아니었어. 다시는 이런 일로 너를 슬프게 하지 않을게. 앞으로는 먼저 네가 어떤 기분이 들지 깊이 생각하고 말하거나 행동할게.

🔍 어휘 익히기

예시글에서 궁금한 낱말을 사전에서 찾아보아요.
속상하다 : 화가 나거나 걱정이 되는 일 따위로 인하여 마음이 불편하고 우울하다.

찾아본 낱말로 문장을 만들어 보세요.
시험 성적이 생각보다 잘나오지 않아 속상하다.

💬 도움말

"미안해."라는 말 한마디로는 진정한 사과라고 할 수 없어요. 친구의 처지에서 생각해보고 앞으로 친구에게 어떻게 해야 할지 말해보세요. "미안해."라는 말 안에는 "다시는 같은 일로 너를 힘들게 하지 않을게."라는 뜻을 꼭 담아야 한답니다.

20 이 세상에 거울이 없다면, 무슨 일이 벌어질까요?

? **거울은 언제 쓰나요?**

거울은 _____ 때 많이 쓰이지요.

? **거울은 어떤 특성이 있나요?**

거울은 _____ 한 특성을 갖고 있어요.

? **거울은 어디에 쓰이나요?**

거울은 _____, _____, _____
에도 많이 사용돼요.

? **이 세상에 거울이 없다면 어떻게 될까요?**

이 세상에 거울이 없다면 _____ 겁니다.

거울은 우리의 모습을 비추어 볼 때 많이 쓰인다. 거울에 우리의 모습이 보이는 건 거울이 빛을 반사하는 성질을 갖고 있기 때문이다. 이러한 특성을 활용해서 사진기, 망원경, 현미경 같은 곳에도 많이 사용된다. 그런데 이 세상에 거울이 없다면, 현미경이 없었을 거고, 현미경이 없다면 지금 우리를 괴롭히는 바이러스나 세균의 존재도 몰랐을 것이다. 그럼 이유도 모르고 공포 속에서 바이러스나 세균 때문에 많은 사람이 병들거나 죽었을 거다. 이렇게 생각해보니 거울이 새삼 고맙다.

 어휘 익히기

예시글에서 궁금한 낱말을 사전에서 찾아보아요.
괴롭히다 : 몸이나 마음이 편하지 않고 고통스럽게 하다.

찾아본 낱말로 문장을 만들어 보세요.
친구를 괴롭히는 건 나쁜 일이야.

 도움말

우리 주변의 사물에 관해 자세히 관찰하고 조사해서, 그 안에 숨은 과학을 끄집어내 보세요.

21 여러분이 좋아하는 TV 프로그램이나 유튜브 채널에 출연한다면, 무엇을 하고 싶어요?

(?) **여러분이 좋아하는 TV 프로그램이나 채널은 무엇인가요?**

저는 _____라는 TV 프로그램을 좋아해요.

(?) **이 TV 프로그램에는 누가 나오나요?**

이 TV 프로그램에는 _____가 나와요.

(?) **왜 그 TV 프로그램(또는 유튜브 채널)을 좋아하지요?**

이 프로그램은 _____해서 잘 챙겨봐요.

(?) **여러분이 그 프로그램에 나오면 뭘 하고 싶어요?**

_____에 내가 출연한다면, _____

하고 싶어요.

나는 '유 퀴즈 온 더 블럭'이라는 TV 프로그램을 좋아한다. 이 TV 프로그램에는 유명인사도 나오지만, 흔히 만날 수 있는 이웃도 나온다. 평범해 보이는 한 명 한 명이 각자의 이야기를 품은 주인공이라는 메시지가 사랑스러워서 챙겨본다. '유 퀴즈 온 더 블록'에 내가 출연한다면, 우리 반 학생들이 쓴 재미있는 글을 읽어주고 싶다. 시청자들에게 아이의 마음을 그대로 담은 글이 얼마나 반짝이고 사람의 **심금을 울리는지** 알려주고 싶다. '유 퀴즈 온 더 블록'에 평범한 사람이 나와 특별한 이야기를 들려주는 것처럼, 누구나 쓸 수 있는 글이 누군가에게는 특별한 힘을 준다고 말하고 싶다.

어휘 익히기

예시글에서 궁금한 낱말을 사전에서 찾아보아요.
심금을 울리다 : (무엇이 사람의) 마음에 감동을 일으키다.

찾아본 낱말로 문장을 만들어 보세요.
그 가수는 심금을 울릴 만큼 좋은 공연을 보여주었다.

도움말

아이가 TV에 나온다면 어디에 출연하고 싶어 할까요? 아이가 평소 좋아하는 프로그램이 있는지를 살펴봐 주세요.

251

22 여러분이 새로운 과목을 만든다면, 무슨 과목을 만들고 싶나요?

(?) 무슨 과목을 만들래요?

_____라는 과목을 만들고 싶어요.

(?) 그 과목 시간에는 무엇을 배우나요?

그 과목 시간에는 _____을/를 배워요.

(?) 왜 그 과목을 만들고 싶나요?

그 과목을 만들고 싶은 이유는 _____을/를 알게
되기 때문이에요.

(?) 그 과목을 한 마디로 표현하면 어떻게 될까요?

그 과목은 한 마디로 _____ 과목이에요.

'골목길 놀이' 과목을 만들고 싶다. 어른들이 예전에 골목길에서 동네 친구들이랑 하던 놀이 방법을 배우고 노는 시간이다. 구슬치기, 고무줄놀이, 딱지치기, 비사치기, 숨바꼭질 같은 놀이 말이다. 내가 어렸을 때는 해가 뉘엿뉘엿질 무렵까지 친구들이랑 땀을 뻘뻘 흘리며 놀았다. 놀다가 싸우기도 했지만, 그렇게 자꾸 놀고 싸우고 화해하면서 친구와 의사소통하는 방법, 마음을 이해하는 법, 현명하게 싸우고 화해하는 방법을 자연스럽게 익혔다. 재미있고, 운동이 되니 건강에도 좋고, 친구와 어울리는 방법도 알게 된다. '골목길 놀이'는 정말 일석삼조一石三鳥다.

어휘 익히기

예시글에서 궁금한 낱말을 사전에서 찾아보아요.
어울리다 : 여럿이 모여 한 덩어리나 한판이 되다.

찾아본 낱말로 문장을 만들어 보세요.
너는 이 원피스가 잘 어울려!

도움말

아이가 어떤 것에 흥미가 있는지를 살펴보고, 그 분야를 어떻게 체계화할 수 있을지, 아이의 흥미 속에 어떤 가치가 숨어 있는지 이야기를 나눠보세요.

23 고사성어 책을 읽으며 고사성어의 의미를 알아보세요. 그중 여러분의 경험을 잘 나타내는 고사성어를 찾아 써볼까요?

(?) 여러분의 경험을 나타내는 적절한 고사성어는 무엇인가요?

저는 _____라는 고사성어를 찾아보았어요.

(?) 그 고사성어의 뜻은 무엇인가요?

이 고사성어의 뜻은 _____이에요.

(?) 어떤 경험을 했나요?

어느 날 _____라는 경험을 했어요.

(?) 그 경험으로 어떤 생각이 들었나요?

_____가 _____해서_____라는

경험을 했어요.

예시 답안

'난형난제難兄難弟'라는 고사성어를 찾아보았다. 누구를 형이라 하고 누구를 아우라 하기 어렵다는 뜻으로, 두 사물이 비슷하여 낫고 못함을 정하기 어려움을 이르는 말이다. 어느 날 우리 반 여학생 두 명이 클레이로 만든 작품을 가지고 나와서 더 잘 만든 작품을 골라달라고 했다. 둘 다 잘 만들어서 고를 수가 없었다. 어떤 게 저 나은지 모르겠다고 하니 두 여학생이 아주 조금이라도 나은 작품을 선택해달라고 졸라서 얼마나 진땀을 뺐나 모른다. 정말 난형난제였다.

 어휘 익히기

예시글에서 궁금한 낱말을 사전에서 찾아보아요.

진땀을 빼다 : 어려운 일이나 난처한 일을 당해 진땀이 나도록 몹시 애를 쓰다.

찾아본 낱말로 문장을 만들어 보세요.

"선생님이 내주신 숙제를 하느라 얼마나 진땀을 뺐는지 몰라요!"

도움말

경험에 빗대어 글을 쓰면 고사성어를 이해하기 쉬워진답니다. 아이의 상황에 어울리는 고사성어를 찾아 그 유래를 읽어보세요.

255

24

『불곰에게 잡혀간 우리 아빠』를 보면, 아빠가 산길을 헤매고 있을 때 불곰이 구해주었다고 해요. 그 불곰이 바로 엄마고요. 부모님 중 한 분이 동물이었다고 상상해볼까요?

(?) **아빠, 엄마 중 누가 동물이었나요?**

_____는 원래 _____에 사는

_____였어요.

(?) **아빠와 엄마는 언제, 어디서, 어떻게 만났나요?**

_____한 어느 날, _____라는 곳에서

_____를 하다가 만났어요.

(?) **아빠와 엄마는 어떻게 하다가 같이 살게 되었나요?**

_____ 하다 같이 살게 되었어요.

(?) **아빠, 엄마 중 한 명의 특징에 어울리는 동물을 떠올려볼까요?**

_____는 _____라는 동물과 _____

한 점이 닮았어요.

예시 답안

엄마는 원래 호주 울루루에 살던 도마뱀이었다. 울루루는 한겨울 밤에도 영하로 내려가지 않고, 한여름 낮에는 40℃까지 올라가는 곳이다. 사람들은 뜨거운 햇빛 때문에 힘들다지만, 엄마는 건조하고 햇빛이 따가운 날씨가 딱 좋았다. 그날도 햇볕을 쬐면서 울루루 아래 펼쳐진 풍경을 감상하고 있는데, 어떤 키 크고 마른 남자가 길을 잃고 헤매고 있었다. 쪼르르 내려가서 길을 알려줬더니 사람들이 있는 곳까지 같이 가 달라고 부탁을 했다. 할 수 없이 그 남자의 주머니에 들어가서 길을 알려줬다. 그런데 그만 호주머니 안에서 잠이 들어버렸다. 눈을 떠보니 한국으로 가는 비행기 안이었고, 그래서 엄마는 지금까지 한국에서 살게 되었다.

 어휘 익히기

예시글에서 궁금한 낱말을 사전에서 찾아보아요.
감상하다 : 주로 예술 작품을 이해하여 즐기고 평가하다.

찾아본 낱말로 문장을 만들어 보세요.
그는 이 그림을 벽에 장식해 놓고 틈이 날 때마다 감상했다.

💬 **도움말**

아이가 엄마와 아빠는 어떤 동물과 닮았는지를 생각해보게 하세요. 떠오르는 동물들의 특징에 대해서도 알려주면 좋겠죠?

257

25 여러분이 사는 동네 이름은 무엇인가요? 동네 이름 한자의 뜻을 알아보고, 우리 동네에 왜 이런 이름이 붙었을까 상상해볼까요?

(?) 동네 이름은 뭐예요?

내가 사는 동네는 _____ 입니다.

(?) 한자로 어떻게 쓰나요?

한자로 _____ 라고 씁니다.

(?) 각 한자의 뜻은 무엇인가요?

_____ 은/는 _____ 라는 뜻이고,

_____ 은/는 _____ 라는 뜻입니다.

(?) 우리 동네에 왜 이런 이름이 붙었을까요?

_____ 은/는 _____ 곳이기에

_____ 라는 이름이 붙은 것 같아요.

내가 사는 동네는 둔산屯山동이다. 둔屯은 군대의 진을 친다는 뜻이고, 산山은 산을 뜻한다. 진을 치는 산이라는 뜻이니 이곳에 군대가 머물렀을 것이다. 실제로 둔산동은 도시가 생기기 전에 공군부대가 있던 곳이라고 한다. 그 이전에도 군대가 있었을 것 같다.

 어휘 익히기

예시글에서 궁금한 낱말을 사전에서 찾아보아요.
생기다 : 없던 것이 새로 있게 되다.

찾아본 낱말로 문장을 만들어 보세요.
떡볶이를 먹다가 옷에 얼룩이 생겼다.

 도움말

사는 지명의 유래를 생각해보고 찾게 도와주세요. 우리 동네에 대한 애정도 그만큼 높아진답니다.

26 오늘 하루 기분이 어땠어요? 오늘의 기분을 점수로 나타내 볼까요?

(?) **오늘 하루의 기분에 점수를 준다면?**

오늘 내 기분은 _____점이다.

(?) **오늘 아침에 일어나서는 어땠나요?**

아침에 일어나서 _____ 했는데, _____

_____한 일이 있었어요.

(?) **오후의 기분은 어땠어요? 왜요?**

오후에는 _____ 했는데, _____

었어요. 왜냐하면 _____이기 때문이에요.

(?) **저녁 때 무슨 일이 있었어요? 기분은 어땠나요?**

저녁 때는 _____를 했는데, _____

라는 일이 있었어요. 그래서 기분이 _____

했어요.

오늘 내 기분은 90점이다. 아침에 일어나니 배가 아팠는데, 따뜻한 물주머니
를 끌어안고 있으니 좀 나아졌다. 내가 아파서 그런지 아들 둘이 오늘은 안
싸우고 스스로 숙제도 척척 해서 기분이 많이 좋아졌다. 오후에는 내가 많이
먹고 싶었던 새조개가 왔다. 온종일 배가 아파서 밥도 잘 못 먹었는데, 저녁
때 새조개 샤브샤브를 해서 각종 채소, 버섯이랑 같이 먹으니 기분이 좋아졌
다. 게다가 온 가족이 잘 먹으니 뿌듯해서 또 기분이 날아간다. 내가 아팠던
거 빼 놓고는 좋은 날이니 90점이다.

어휘 익히기

예시글에서 궁금한 낱말을 사전에서 찾아보아요.
뿌듯하다 : 기쁨이나 감격이 마음에 가득 차서 벅차다.

찾아본 낱말로 문장을 만들어 보세요.
미술대회에서 금상을 받아 마음이 뿌듯하다.

도움말

아이에게 자주 기분이 어땠는지를 물어보세요. 하루에도 수시로 달라지는
기분에 대해서요.

27 태어나서 지금까지 있었던 일 중 가장 중요한 사건 3가지는 무엇인가요?

(?) 태어나서 지금까지 있었던 일 중 중요하다고 생각하는 3가지 사건이 있을까요? 가장 중요한 순서대로 알려주세요.

가장 중요하다고 생각하는 사건은 ① _____,

② _____, ③ _____가 있어요.

(?) 왜 그 사건이 중요한가요? 그 때의 기억을 찬찬히 되돌아 보고 생각해보아요.

그 사건이 중요하다고 생각하는 이유는 ① _____,

② _____, ③ _____ 때문이에요.

(?) 그 때 무슨 일이 있었나요? 구체적으로 설명해주세요.

① _____, ② _____, ③ _____ 한 일이 있었어요.

(?) 그 사건은 여러분의 인생을 어떻게 바꾸었나요? 무슨 영향을 주었는지 알려주세요.

그 사건은 나를 ① _____, ② _____,

③ _____ 하게 해주었어요.

① 두 아들이 생긴 일 : 아들이 생기니까 길거리에 주저앉아 우는 아이도, 소리치는 엄마도 모두 이해가 되는 마법이 펼쳐졌다. '그럴 수 있지.' 하며 여유 있게 세상을 바라볼 수 있는 눈과 마음을 가지게 됐다.

② 결혼 : 그동안 남으로 살아온 사람이 가족이 됐다. 그것도 가장 가까운 사람이 되게 신기했다. 결혼하고 제일 **든든한** 내 편이 생긴 것이 제일 좋다.

③ 선생님이 되기로 마음먹은 일 : 원래는 선생님 말고 다른 직업을 갖고 싶었다. 그런데 교생실습을 나가서 아이들을 만나고는 '의외로 나랑 잘 맞네?' 하는 생각이 들었다. 해마다 멋진 학생을 만나는 즐거움이 좋아 20년째 선생님으로 살고 있다.

 어휘 익히기

예시글에서 궁금한 낱말을 사전에서 찾아보아요.

든든하다 : 어떤 것에 대한 믿음으로 마음이 허전하거나 두렵지 않고 굳세다.

찾아본 낱말로 문장을 만들어 보세요.

내 편인 친구가 있어 마음이 든든하다.

💬 도움말

중요한 사건 중에는 기쁜 일, 힘든 일 등 다양하게 있을 거예요. 아이가 스스로 자신을 되돌아보도록 중요한 순서대로 떠오르게 도와주세요.

28 여러분은 스스로가 가장 멋있어 보일 때가 언제라고 생각해요?

(?) 무엇을 할 때 멋있어 보여요?

_____ 때 나는 내가 제일 멋있는 것 같아요.

(?) 그게 왜 멋있다고 생각해요?

_____ 하는 일은 멋진 일 같아요.

(?) 멋있어 보일 때 여러분은 뭐라고 말하나요?

" _____ " 하면서 말해주거든요.

(?) 멋있어 보이는 일을 하면 남에게 어떤 영향을 주나요?

_____ 했을 뿐인데 그 친구는 _____

하게 돼요.

마음이 아파서 우는 학생을 토닥토닥 달래줄 때 나는 내가 제일 **멋있는 것** 같다. 다른 사람의 마음을 알아주는 일은 멋진 일이다. "그랬구나. 억울했겠다. 속상했구나. 화가 났겠다." 하면서 이야기를 들어준다. 내 시간과 노력을 조금 들였을 뿐인데 울던 학생이 기운을 차리는 게 너무 멋지다.

 어휘 익히기

예시글에서 궁금한 낱말을 사전에서 찾아보아요.
멋있다 : 보기에 썩 좋거나 훌륭하다.

찾아본 낱말로 문장을 만들어 보세요.
엄마의 글씨는 시원시원하고 멋있다.

💬 도움말

아이가 언제, 무엇을 했을 때 칭찬을 받았는지 물어보세요. 아이 자존감은 부모가 가장 잘 높여줄 수 있답니다.

29 좋은 친구는 어떻게 알아볼 수 있을까요?

? 여러분에게 좋은 친구는 어떤 친구일까요?

좋은 친구는 _____ 하는 친구예요.

? 자기가 필요할 때만 찾는 친구는 어때요?

자기가 필요할 때만 찾아와서 친하게 지내면서 부탁하는

친구는 _____ 해요.

? 어떻게 할 때 서로 진짜 좋은 친구가 될 수 있을지 말해줘요.

_____ 일 때 서로 진짜 좋은 친구가 된다고 생각

해요.

? 나하고만 놀고 싶어 하는 친구는 왜 그런 걸까요? 그리고 어떻게 해야 할까요?

나하고만 놀고 싶어 하는 친구는 _____ 것

같아요. 그래서 내가 _____ 해줘야 한다고 생

각해요.

예시 답안

좋은 친구는 나를 아껴주는 친구다. 내가 힘들 때 같이 슬퍼하고, 내가 기분이 좋을 때 같이 기뻐해 주는 친구가 좋다. 자기가 필요할 때만 찾아와서 친하게 지내면서 부탁하고, 내가 필요 없어지면 뒤도 돌아보지 않고 가는 사람은 피하고 싶다. 내가 좋은 친구가 되고, 그 친구도 나에게 좋은 친구일 때 서로 진짜 좋은 친구가 된다고 생각한다.

 어휘 익히기

예시글에서 궁금한 낱말을 사전에서 찾아보아요.
부끄럽다 : 스스러움을 느끼어 매우 수줍다.

찾아본 낱말로 문장을 만들어 보세요.
많은 사람들 앞에서 이야기를 하려니 부끄러웠다.

💬 도움말

초등학생인 아이들에게 학교는 처음 접하는 사회와도 같습니다. 좋은 친구란 무엇일지, 그리고 어떻게 해야 좋은 친구가 될 수 있는지를 부모의 경험을 통해 알려주세요.

30 화났을 때 슬기롭게 행동하려면 어떻게 해야 할까요?

(?) 여러분은 어떤 상황에서 정말 화가 났나요?

나는 _____ 때 정말 화가 났어요.

(?) 여러분은 화가 났을 때 어떤 행동과 말을 했나요? 기억을 떠올려 말해봐요.

화가 나서 그 사람에게 _____.

(?) 화가 났을 때 한 행동은 상대방에게 어떤 결과를 주었나요? 그리고 어떤 마음이 들었는지도 이야기해봐요.

_____ 에게 _____ 한 결과를 주었고,

_____ 한 마음이 들었습니다.

(?) 홧김에 어리석은 행동을 하지 않으려면 어떻게 해야 할까요?

앞으로 홧김에 어리석은 행동을 하지 않기 위해 _____

_____ 하기로 했어요.

한 학생이 다른 학생을 때리고도 사과하지 않았을 때 정말 화가 났다. 그래서 그 학생에게 크게 소리를 질렀다. 잘못한 학생은 꿈쩍도 안 했는데, 아무 잘못도 없는 학생들이 깜짝 놀란 눈으로 나를 바라봐서 정말 **미안했다**. 그날 이후로는 화가 나면, "선생님이 지금 너무 화가 나서 시간이 좀 필요해. 잠시만 배울 부분 읽고 있을래?"하고 잠깐 복도 밖으로 나온다. 밖에 보이는 산도 보고, 하늘도 보면서 심호흡을 하면 조금 화가 풀린다. 화가 가라앉아야 일을 훨씬 잘 해결할 수 있다.

🔍 어휘 익히기

예시글에서 궁금한 낱말을 사전에서 찾아보아요.

미안하다 : 남에게 대하여 마음이 편치 못하고 부끄럽다.

찾아본 낱말로 문장을 만들어 보세요.

친구야, 내가 네 물건 망가트려서 미안해.

💬 도움말

화를 못 이기고 부정적인 감정을 분출해버리면 분위기가 순식간에 얼음이 되어 버려요. 현명하게 화를 다루는 방법을 생각하도록 해주세요.

31 여러분이 졸업했던 유치원에 가서 훌륭하게 초등학교 1학년을 보낼 방법을 후배들에게 알려줘야 한다면, 무엇을 알려줄래요?

(?) 초등학교와 유치원이 다른 점은 무엇이었나요? 초등학교에 가니 유치원에 비해 어떤 점이 달라졌는지 이야기해보아요.

초등학교가 유치원보다 _____.

(?) 초등학교에 입학하고 당황한 적이 있나요?

_____ 한 일이 있었어요.

(?) 당황하지 않고 학교에 잘 다니려면 무엇을 알아야 할까요?

앞으로 학교에 잘 다니려면 _____를
알려주고 싶어요.

(?) 마지막으로 유지원에 다니는 후배들에게 해주고 싶은 말이 있다면?

학교생활에서 가장 중요한 건 _____(이)라는
것을 잊지 마세요!

1학년을 담임할 때의 일이다. 한 학생이 등교 시간이 한참 지났는데도 학교에 오지 않아서 집에 전화했더니 학교에 제시간에 갔다는 거다. 깜짝 놀라서 그 학생을 찾으러 학교를 돌아다니다가 2층 화장실 앞에서 울고 있는 아이를 발견했다. 학교가 유치원보다 너무 커서 길을 **잃었다**며 울었다. 그래서 초등학교에 입학하는 학생에게 교실 위치를 잘 기억하라고 조언하고 싶다.

 어휘 익히기

예시글에서 궁금한 낱말을 사전에서 찾아보아요.
잃다 : 가졌던 물건이 자신도 모르게 없어져 그것을 갖지 아니하게 되다.

찾아본 낱말로 문장을 만들어 보세요.
나무꾼이 산에서 도끼를 잃어버렸다.

💬 도움말

초등학교에 입학하고 나서 경험했던 난감했던 일이 있었는지 아이와 한 번 이야기해보세요. 어른은 미처 생각지도 못한 경험을 듣게 될지도 몰라요.

32

우리가 지금 사용하는 도구 중에서 가장 위대한 발명품이라고 생각하는 것은 무엇인가요?

(?) **가장 위대한 발명품이라고 생각하는 것은 무엇인가요?**

나는 가장 위대한 발명품은 _____라고 생각
해요.

(?) **왜 그 발명품이 위대하다고 생각하나요?**

왜냐하면 _____는 _____
하기 때문이에요.

(?) **그 발명품의 특징은 무엇일까요?**

그 발명품은 _____, _____,
_____하는 특징이 있어요.

(?) **그 발명품은 사람들에게 어떤 영향을 주나요?**

_____가 발명되지 않았다면 지금 우리는 _____
_____했을 거예요.

예시 답안

가장 위대한 발명품은 '한글'이라고 생각한다. 아무리 생각해도 한글은 정말 신통방통하다. 배우기도 쉽고, 쓰기도 쉽고, 소리를 다 표현할 수 있다. 게다가 모양은 왜 이리 예쁜지! 한글이 발명되지 않았다면 지금쯤 우리는 어려운 한자를 배우느라 고생하고 있을지도 모른다. 무엇보다 세종대왕이 백성을 아끼는 마음으로 오랜 시간 연구해서 만들었다는 게 가장 멋있다. 사람을 사랑하는 마음이야말로 가장 위대한 일이니까.

어휘 익히기

예시글에서 궁금한 낱말을 사전에서 찾아보아요.
아끼다 : 물건이나 돈, 시간 따위를 함부로 쓰지 아니하다.

찾아본 낱말로 문장을 만들어 보세요.
이것은 내가 가장 아끼는 인형이다.

도움말

평소에 아이가 신통방통 해하는 발명품이 있다면 무엇인지 물어보고, 그것은 누가 발명했는지를 알고 있다면 이야기해보세요.

273

33 「중용」의 한 구절을 천천히 소리 내어 읽어보세요. 세상을 바꿀 여러분의 '작은 일'은 무엇일까요?

작은 일도 무시하지 않고 최선을 다해야 한다.

작은 일에도 최선을 다하면 정성스럽게 된다.

정성스럽게 되면 겉에 배어 나오고, 겉에 배어 나오면 겉으로 드러나고

겉으로 드러나면 이내 밝아지고, 밝아지면 남을 감동시키고

남을 감동시키면 이내 변하게 되고, 변하면 생육된다.

그러니 오직 세상에서 지극히 정성을 다하는 사람만이

나와 세상을 변하게 할 수 있는 것이다.

− 「중용」 23장

? 여러분이 하는 '작은 일'은 무엇이 있나요?

내가 정성스럽게 하는 작은 일은 _____ 입니다.

? 그 일을 정성스럽게 하면 어떤 일이 일어날까요?

그 일을 하면 _____ 한 일이 일어나요.

예시 답안

「중용」 23장은 작은 일도 최선을 다하면 나와 세상을 변하게 할 수 있다는 뜻이다. 내가 정성스럽게 하는 작은 일은 '알림장 쓰기'이다. 학생이 보는 알림장은 숙제나 준비물만 쓰지만, 학부모님이 보는 알림장에는 그날 배운 내용과 있었던 일을 쓴다. 부모님이 먼저 "학교에서 뭐했어?"하고 묻는 것보다 "오늘 학교에서 수채화 그렸다면서? 물감으로 그림 그리기 어렵지 않았어?" 하며 자녀와 마음을 나누는 대화를 하게 돕고 싶어서 알림장을 정성스럽게 쓴다.

어휘 익히기

예시글에서 궁금한 낱말을 사전에서 찾아보아요.
정성스럽다 : 보기에 온갖 힘을 다하려는 참되고 성실한 마음이 있다.

찾아본 낱말로 문장을 만들어 보세요.
간호사는 아픈 환자들을 정성스럽게 보살핀다.

도움말

아이와 이야기할 수 있는 책이나 자료를 찾아보고 그 구절의 의미에 대해서 자주 이야기를 나누어보세요.

34 여러분이 좋아하는 음식에 관한 광고를 만들어야 해요. 광고를 어떻게 만들겠어요?

? 좋아하는 음식이 뭔가요?

내가 좋아하는 음식은 ＿＿＿＿＿＿＿입니다.

? 그 음식의 맛, 식감, 냄새는 어때요?

＿＿＿＿＿＿의 맛은 ＿＿＿＿＿＿＿＿하고, 식감
은＿＿＿＿＿＿＿＿＿＿하며, ＿＿＿＿＿
냄새가 나요.

? 그 음식에는 어떤 재료가 들어가고 어떻게 조리되나요?

＿＿＿＿＿에 ＿＿＿＿＿이/가 들어가고 조
리 방법은 ＿＿＿＿＿＿입니다.

? 사람들이 어떻게 하면 그 음식을 먹고 싶을까요?

＿＿＿＿＿을/를 광고하면 사람들이 먹고 싶어 할 것
같아요.

예시 답안

내가 좋아하는 음식은 떡볶이이다. 떡볶이의 맛은 매콤달콤하고, 식감은 쫄깃쫄깃하며, 고추장 냄새가 난다. 냄비에 고추장 양념을 풀고 물이 끓으면 떡, 어묵, 양파, 깻잎, 쫄면을 넣고 저어준다. 센 불에서 끓여 떡볶이 떡과 쫄면이 익으면 약한 불로 줄여 끓여가며 먹으면 된다. 분식업계 20년 차 베테랑 주방장이 **개발한** 마법의 소스와 합리적인 가격에 선보이는 깊은 맛임을 광고하면 사람들이 먹고 싶어 할 것 같다. 외국사람들이 매워서 물을 벌컥벌컥 마시면서도 "맛있어서 멈출 수가 없어요."하는 모습을 보여줄 것이다.

어휘 익히기

예시글에서 궁금한 낱말을 사전에서 찾아보아요.
개발하다 : 지식이나 재능 따위를 발달하게 하다.

찾아본 낱말로 문장을 만들어 보세요.
이것은 세계 최초로 개발한 제품이다.

도움말

광고할 때 사람들이 호응할 만한 중요한 요소들이 무엇인지를 알려준다면 아이들이 좀 더 쉽게 그 음식을 홍보할 수 있답니다.

35 여러분이 좋아하는 노래 중 가사가 좋은 노래는 무엇인가요?

(?) **왜 좋은가요?**

저는 '＿＿＿＿＿＿＿'라는 노래를 좋아해요.

(?) **그 노래를 좋아하는 이유는 무엇인가요?**

왜냐하면 ＿＿＿＿＿＿＿＿ 때문이에요.

(?) **특히 좋아하는 부분이 있나요?**

특히 '＿＿＿＿＿＿＿'라는 가사가 좋아요

(?) **이 노래는 누구를 위해 부르는 노래 같아요? 이 노래는 어떤 뜻을 가지는지 상상력을 발휘해 이야기해보아요.**

이 노래는 ＿＿＿＿＿＿＿에게 ＿＿＿＿＿＿＿
하라는 노래 같아요.

나는 '모두 다 꽃이야'라는 노래를 좋아한다. 노래 가사의 꽃이 꼭 아이들을 말하는 것 같기 때문이다. 특히 '봄에 피어도 꽃이고, 여름에 피어도 꽃이고'라는 가사가 좋다. 빨리 꽃이 피지 않는다고 채근하지 말아야겠다는 다짐을 하게 해준다. 이 노래는 엄마, 선생님에게 아이들이 자신의 재능을 찾아 당당히 세상에 나갈 때까지 묵묵히 기다려주고, 꽃이 필 수 있게 물도 주고, 햇빛도 주고, 사랑도 주어야 한다고 응원하는 노래 같다.

🔍 어휘 익히기

예시글에서 궁금한 낱말을 사전에서 찾아보아요.

응원하다 : 운동 경기 따위에서, 선수들이 힘을 낼 수 있도록 도와주다.

찾아본 낱말로 문장을 만들어 보세요.

네가 그 시합에서 이기기를 응원할게!

💬 도움말

좋은 의미의 가사들은 세상에 참 많아요. 아이들이 즐겨 듣거나 부르는 노래들을 살펴보고 가사를 인쇄해주세요. 영어 동요나 건전한 팝송을 활용하면 영어 공부도 자연스럽게 할 수 있겠지요?

36

신문이나 책을 펼쳐 보고, 눈에 띄는 낱말 5개를 고르세요. 그 낱말 5개로 짧은 이야기를 만들어 볼까요?

 예시 답안

수줍은 ①호랑이는 사냥을 싫어했다. 성격이 ②내성적이라 친구들과 이야기 하기도 힘들어서 주눅이 들었다. 호랑이는 주로 ③도서관에서 책을 읽으며 시간을 보냈다. 어느 날 우연히 도서관에서 ④노벨상을 탄 작가 호랑이를 만났다. 작가의 ⑤인터뷰 기사를 본 적이 있어서 단번에 알아봤다. 책을 읽고 있는 작가에게 말을 걸고 싶었다. 용기를 내어 작가에게 책에 관한 질문을 했고, 한 시간 동안이나 즐겁게 이야기를 나누었다. 수줍음 많은 호랑이는 노벨 문학상을 탄 작가 호랑이도 어렸을 땐 자기처럼 내성적이고, 책 읽기를 좋아했다는 말을 듣고 희망이 생겼다.

 어휘 익히기

예시글에서 궁금한 낱말을 사전에서 찾아보아요.
용기 : 씩씩하고 굳센 기운.

찾아본 낱말로 문장을 만들어 보세요.
어떤 일이 닥치더라도 용기를 잃지 마!

37 여러분의 이름으로 미래를 예언하는 삼행시를 지어 볼까요?

 예시 답안

윤) 윤기가 자르르 흐르는 풍성한 은색 머리카락을 **휘날리며**
희) 희망을 가득 품고, 아이들에게도 희망을 나누어 주는
솔) 솔직, 당당, 포근한 할머니 선생님이 될 거다.

 어휘 익히기

예시글에서 궁금한 낱말을 사전에서 찾아보아요.

휘날리다 : 거세게 펄펄 나부끼다. 또는 그렇게 나부끼게 하다

찾아본 낱말로 문장을 만들어 보세요.

저 멀리서 태극기가 휘날리고 있다.

38 200년 후의 세상은 어떨까요? 200년 후의 누구에게 질문하고 싶은가요? 그리고 무엇이 가장 궁금한가요?

 예시 답안

저는 200년 후의 8살 아이에게 묻고 싶어요.

Q. 학원이 있나요? 무슨 학원이 있지요?

A. 학원이요? 집에는 학습을 도와주는 AI가 있어서 따로 뭘 배우러 다니지는 않아요. 마을마다 예체능 특화 AI 선생님 센터가 있어요. 나는 요즘 수영을 배우고 싶어서 우리 동네 수영장에 가요. 수영장에서는 수영을 잘 알려주는 AI에게 배워요.

Q. 부모님은 직장에서 몇 시에 돌아와요?

A. 우리 아빠는 AI 프로그래머인데, 집에 계세요. 가끔 AI 센터로 순간 이동해서 출장을 다녀오기도 하시죠. 엄마는 초등학교 선생님인데, 아침에는 학교에 계시고, 점심에는 집으로 오셔서 온 가족이 함께 식사하지요.

Q. 학교 숙제가 있나요? 숙제는 어떻게 해요?

A. 학교 숙제는 당연히 있죠. 학교에서 낸 숙제는 AI에게 시키면 안 되는 규칙이 있어요. 어기면 학점을 인정받지 못하거든요. 책을 직접 찾아서 읽고, 내 생각을 쓰는 숙제가 많아요. 도서관 사이트에 접속하면 바로 e-book을 볼 수 있고, 실물 책 대여 신청을 하면 드론이 10분 안에 가져다줘요.

39 여러분이 좋아하는 동물을 주제로 다 이아몬드 모양 시를 써볼까요?

📑 예시 답안

고양이*	⟶	명사(1개) – 제목
귀여워. 날렵해.	⟶	형용사(2개)
야옹거려. 뛰어오르지. 할퀴고.	⟶	동사(3개)
털 뭉치. 실뭉치. 사냥 본능. 높은 곳.	⟶	명사(4개)
잘 숨어. 코를 골아. 잠을 즐겨.	⟶	동사(3개)
부드러워. 나만 없어.	⟶	형용사(2개)
고양이	⟶	명사(1개)

* 선생님은 다이아몬드 모양 시diamante poem을 쓰는 것처럼 명사(사물의 이름을 나타내는 낱말), 형용사(성
질이나 상태를 나타내는 낱말), 동사(동작을 나타내는 낱말)를 구분해서 썼지만, 여러분은 떠오르는 낱말
을 다이아몬드 모양으로 나열하기만 해도 좋아요.

🔍 어휘 익히기

예시글에서 궁금한 낱말을 사전에서 찾아보아요.

날렵하다 : 재빠르고 날래다.

찾아본 낱말로 문장을 만들어 보세요.

저 다람쥐는 날렵하게 보인다.

40

『프린들 주세요』라는 책을 읽어봤나요?
주인공인 닉은 '펜'을 '프린들'이라고
불렀어요. 여러분도 새로운 낱말을 만
들어 볼까요? 그리고 그 뜻은 뭘까요?

 예시 답안

나는 산책하거나 경치 좋은 카페에 앉아 있을 때 행복하다. 맑은 공기를 마
시면서 책 읽고, 커피 향이 가득한 카페에서 글을 쓸 때 충전되는 느낌이 든
다. 늦잠 자고 일어나서 커튼을 열었을 때 햇살이 비추면 내 마음마저 환해
지는 기분이 든다. 이렇게 내가 좋아하는 일을 하거나 느긋하게 쉬면서 활력
을 비축하는 느낌이 드는 상태를 내 이름의 '솔'과 행복의 '행'을 합쳐 '솔행
하다'라고 표현하고 싶다.

 어휘 익히기

예시글에서 궁금한 낱말을 사전에서 찾아보아요.
느긋하다 : 마음에 흡족하여 여유가 있고 넉넉하다.

찾아본 낱말로 문장을 만들어 보세요.
재촉하지 말고 느긋하게 기다려봐.

41 어느 날 갑자기 냉장고가 나에게 말을 걸어왔어요. 냉장고가 뭐라고 하나요?

예시 답안

솔샘, 제발 1년 전에 냉동실 세 번째 칸 안쪽에 놓아둔 멸치부터 해 드세요. 어제 새 멸치를 샀던데, 저 안쪽에 있는 멸치는 언제 먹을 건가요? 그리고 야 채칸 저 한쪽 구석에 당근이 비들비들 말라가고 있는 건 알아요? 오늘 점심 으로 당근이 들어간 볶음밥 어때요? 저녁 땐 멸치 육수가 들어간 된장찌개 를 추천해요. 두부 유통기한도 오늘까지니까 두부를 넣는 것도 잊지 마세요.

어휘 익히기

예시글에서 궁금한 낱말을 사전에서 찾아보아요.
유통기한 : 상품이 시중에 유통될 수 있는 기한

찾아본 낱말로 문장을 만들어 보세요.
우유가 유통기한이 지났는데 마셔도 될까요?

42 듣기 싫은 말 5가지는 무엇인가요? 그 말을 한 사람에게 뭐라고 하고 싶나요?

 예시 답안

① 기분 나쁘게 듣지 말고 새겨들어. (기분 나쁜 말은 새겨들을 수가 없어요.)

② 그럴 줄 알았다. 내가 뭐랬니? (내가 제일 속상한데, 그렇게 말하면 속 시원해요?)

③ 널 위해 하는 말이야. (날 위해 하는 말 맞아요?)

④ 요즘 애들은 심약해. (요즘 애들이 힘들어서 그래요. 강한 어른이 좀 도와주시던가요.)

⑤ **유별나게** 굴지 마. (세상은 유별나게 구는 사람이 바꿔왔어요.)

 어휘 익히기

예시글에서 궁금한 낱말을 사전에서 찾아보아요.

유별나다 : 보통의 것과 아주 다르다.

찾아본 낱말로 문장을 만들어 보세요.

그녀의 책에 대한 사랑은 유별나다.

43 여러분이 가장 쉽고 빨리 행복해지는 방법은 무엇인가요? 어떻게 하면 기분이 좋고, 언제 기분이 좋은가요?

 예시 답안

제일 편한 운동화를 찾아서 신고는 무작정 걷는다. 강변을 따라 걸으면서 물이 흐르는 소리를 듣고, 나무도 살펴본다. 강변까지 갈 수 없을 땐 그냥 우리 동네 한 바퀴를 돈다. 걷다 보면 기분이 조금 나아진다. 걷고 또 걷다가 목이 마르거나 기운이 없어지면 와플이 맛있는 우리 동네 카페에 간다. 산책 후에 마시는 아메리카노와 와플은 꿀맛이다. 그럼 기분이 한결 나아진다.

 어휘 익히기

예시글에서 궁금한 낱말을 사전에서 찾아보아요.
꿀맛 : 꿀처럼 달거나 입맛이 당기는 맛.

찾아본 낱말로 문장을 만들어 보세요.
산 정상에 올라 사과를 먹으니 꿀맛이다.

44 가족이나 친척, 친구 중 한 명을 골라 상을 준다면, 상의 이름은 무엇일까요? 누구에게 그 상을 주고 싶나요? 그리고 그 사람이 무슨 일을 했나요?

 예시 답안

멋짐 폭발상

외사촌 동생

귀하는 코로나19가 무섭게 퍼질 때
제일 힘든 곳으로 자원해서 달려간
멋진 의료인이기에, 이 상장을 드립니다.

2000년 OO월 OO일

외사촌 누나 윤희솔

45 가족이 모두 함께 있을 때, 아무 말도 하지 말고 거실을 청소해보세요. 가족은 여러분에게 뭐라고 말 하나요? 반응은 어때요?

 예시 답안

남편 : 같이 청소하거나 설거지, 빨래 등 다른 집안일을 시작했다.

큰아들 : 신경 쓰지 않고 계속 책을 읽었다.

작은아들 : 엄마가 자기 물건을 버릴까 봐 후닥닥 자기 물건을 챙겨서 정리했다.

 어휘 익히기

예시글에서 궁금한 낱말을 사전에서 찾아보아요.

버리다 : 가지거나 지니고 있을 필요가 없는 물건을 내던지거나 쏟거나 하다.

찾아본 낱말로 문장을 만들어 보세요.

나는 과자 부스러기를 휴지통에 버렸다.

46 엄마는 언제 기뻐했고, 언제 화가 많이 났나요? 엄마를 화나게 하는 방법 7가지와 기쁘게 하는 방법 7가지를 써볼까요?

 예시 답안

엄마를 기쁘게 하는 방법	엄마를 화나게 하는 방법
· 잘못한 일이 있으면 솔직하게 말하기	· 거짓말하기
· 음식 골고루 잘 먹기	· 형제끼리 싸우기
· 하루에 3번 꼬박꼬박 양치하기	· 할아버지, 할머니께 예의 없이 행동하기
· 학교 가는 날 시간 맞춰 일어나기	· 침대에서 과자 먹다 쏟기
· 숙제 스스로 하기	· 읽던 책 바닥에 늘어놓기
· 교과서와 준비물 빼먹지 않기	· 숙제하기 싫어서 징징대기
· 약속 시간 동안만 딱! 게임 하기	· 주말에 일찍 일어나서 엄마 깨우기

 어휘 익히기

예시글에서 궁금한 낱말을 사전에서 찾아보아요.

징징대다 : 언짢거나 못마땅하여 계속하여서 자꾸 보채거나 짜증을 내다.

찾아본 낱말로 문장을 만들어 보세요.

아기가 배가 고픈건지 자꾸 징징댄다.

47 어느 날 우리 동네에 갑자기 '신비한 우주 아이스크림 가게'가 생겼어요. 들어가 보니 아이스크림 종류가 엄청 많아요. 태양 맛, 달 맛, 금성 맛, 블랙홀 맛……. 아이스크림마다 신비로운 힘도 있다고 하네요. 가장 인기 있는 아이스크림 Best 3는 무엇일까요?

📋 예시 답안

구분	Best 1	Best 2	Best 3
이름	핼리혜성	달	성운
맛	입에 한 숟가락 넣자마자 달고 신 맛이 강타! 그런데 맛이 금방 사라져서 자꾸자꾸 퍼먹게 돼요.	유난히 차갑고 달콤함. 아이스크림 안에 들어 있는 달 모양 사탕이 별미라는!	구름처럼 사르르 녹으면서 달콤하다가 끝맛이 쌉싸래해요.
효과	핼리혜성을 탄 것처럼 눈앞에 별이 휙휙 지나가요. 우와~ 우주는 정말 신비로워요.	한 입 넣을 때마다 달에서 지구를 바라보는 풍경이 펼쳐져요. 지구는 정말 아름다워요!	몸이 위로 붕 뜨는 느낌이 들어서 기분이 가라앉을 때 먹으면 좋아요.

48 세 가지 동물을 합쳐서 새로운 동물을 만들어야 한다면, 어떤 동물을 고르겠어요?

 예시 답안

나를 도와줄 빠르고, 손을 사용할 수 있는 친절한 동물과 함께 살고 싶다. 빠른 건 뭐니뭐니해도 치타이고 손을 사용할 수 있는 동물은 유인원이나 원숭이다. 친절한 동물로는 시각장애인 안내견을 하는 리트리버가 떠오른다. 치타의 발, 원숭이의 손, 개 리트리버의 마음을 가진 동물을 만들 거다.

 어휘 익히기

예시글에서 궁금한 낱말을 사전에서 찾아보아요.

도와주다 : 남을 위하여 애써 주다.

찾아본 낱말로 문장을 만들어 보세요.

아픈 친구가 있어서 양호실에 갈 수 있게 도와주었다.

49 친구 다섯 명을 생각해보세요. 그리고 그 친구 한 명 한 명과 무엇을 하면 가장 즐거운가요?

 예시 답안

남편 : 어떤 주제든 수다를 떨면 스트레스가 확 풀린다. 제일 편하고 가까운 친구다.

○경 : 같이 운동하면서 사는 이야기를 하면 마음이 따뜻해진다.

○중 : 거품이 폭신한 카푸치노를 제일 맛있게 마실 수 있다.

○주 : 서로 너무 바빠서 잠깐 얼굴만 봐도 힘이 난다.

○진 : 고민이 있거나 아이디어가 떠오르지 않을 때 전화하면 금방 **해결**된다.

 어휘 익히기

예시글에서 궁금한 낱말을 사전에서 찾아보아요.

해결 : 제기된 문제를 해명하거나 얽힌 일을 잘 처리함.

찾아본 낱말로 문장을 만들어 보세요.

모든 일이 척척 해결되고 있는 중이다.

50 기억에 남는 여행이 있나요? 여행 이야기로 보드게임판을 만들고, 가족과 함께 놀이를 해볼까요?

(?) 어느 여행지에 가보았나요?

_____에 가봤어요.

(?) 여행지에서 어떤 일이 있었나요?

_____한 일이 있었어요.

(?) 그곳에 가서 무엇을 먹었나요?

_____를 먹었어요.

(?) 여행 중에 가족들과 무엇을 함께 했나요?

가족들과 함께 _____.

FINISH

코끼리 코 열 바퀴 돌고,
거실 한 바퀴 돌기
(성공 시 +100,
실패 시 −80)

맛있는
망고를
먹었다.
(+800)

코끼리
똥을 밟았다.
(−80)

꽝!
(2번 쉬기)

택시에
두리안을
놓고 타다
걸렸다.
(−300)

코끼리가
길을
알려 주었다.
(This Way!)

함정
(−300)

보물상자
발견!
(+1000)

사다리
발견!

꽝!
(2번 쉬기)

주사위를 던지자!
1, 2, 3 →
희귀한 상자
(+500),
4, 5, 6 →
전설의 상자
(+700)

가족들과 함께
사우나를 갔다.
(−1000)

START

주사위를 던지자!
1, 2, 3 → 희귀한 상자(+500),
4, 5, 6 → 전설의 상자(+700)

_____ 의 여행

295

살아있는 질문이 집과
교실을 채우기 바라며

"초등학교 1학년 엄마도 1학년이다."라는 우스갯소리가 있지요. 생물학적 나이와는 별개로, 부모 나이는 따로 있는 것 같습니다. 아이가 초등학교에 입학했을 때, 많은 학생을 지켜봤기에 아이를 잘 키울 수 있으리라고 기대했던 내가 얼마나 무지하고 교만했는지 깨달았습니다. 내 아이의 초등학교 생활만큼은 야무지게 챙기려고 했지만, 20년 가까운 교직 경력이 무색하게 모든 것이 새로웠습니다. 다른 엄마들처럼 똑같이 헤매고, 작은 일에도 아이를 붙잡고 눈물을 흘렸습니다. 아이 나이만큼 부모 나이를 먹는다고 생각하니 아이와 함께 자라는 시간이 필요하다고 느꼈습니다.

나는 부모로서, 아이는 독립된 인격체로서 성장할 수 있는 활동으로 글쓰기를 선택했고, 글을 쓰면서 자연스럽게 질문이 시작됐습니다.

글쓰기 질문 수업을 하는 동안에는 잠시, 아이를 가르치는 사람이 아니라 아이와 함께 발전하는 사람으로 아이와 마주 볼 수 있었습니다. 아이들과 마음을 터놓고 이야기했고, 아이들끼리도 서로 마음을 나누었습니다. 글쓰기 질문 수업에서는 아이들의 '다름'이 모두의 성장을 돕는 '어울림'이 됐습니다.

아이의 마음을 품기 위해 시작한 글쓰기 질문 수업인데, 학습력과 창의성까지 자랐습니다. 문제집 풀기가 공부라고 생각했던 아이들이 이제는 교과서를 펴고 "왜?", "만약에?", "어떻게?" 하고 물으며 행간을 채웁니다. 글이 나오지 않을 때 선생님의 질문으로 글을 완성한 경험을 한 아이들은 글이 막히면 스스로 질문합니다. 아이는 온몸으로 세상을 흡수하는 존재라는 걸 새삼스럽게 알게 됐습니다.

그래서 질문은 아이보다 부모가 더 많이 해야 합니다. 아이가 의미 있는 질문을 하려면 의미 있는 질문을 많이 듣고, 탐구하면서 '아하!'하는 기쁨을 경험해야 하니까요. 부모의 답만 듣고 자라는 아이는 생각하는 힘을 잃게 됩니다. 유대인은 나이가 어려도 아이를 하나의 인격체로 대하며 아이의 생각을 자주 묻습니다. 유대인은 태어나서 성인이 될 때까지 '마따호세프What do you think?'라는 말을 가장 많이 사용합니다. 그렇게 자라난 유대인은 각 분야에서 세계를 이끄는 수많은 인재를 배출합니다.

살아있는 질문이 집과 교실을 채우기를 바랍니다. 아이들이 선두그룹을 쫓아가기에 바쁜 사람이 아니라, 질문으로 새로운 움직임을 일으키는 사람이 되었으면 좋겠습니다. 더 나아가 우리 아이들이 무작정 다른 사람이 많이 가는 길에 휩쓸리지 않고, 질문을 통해 나 다운 삶, 내가 행복한 삶을 살아나갈 지혜와 힘을 길러나가길 바랍니다. 그런 아이들을 보면서 부모님도 행복하시길 진심으로 소망합니다.

주

1장

1   클라우스 슈밥, 『제4차 산업혁명』, 새로운현재, 2018, p.11.

2   일본경제신문사, 『AI 2045 인공지능 미래 보고서』, 반니, 2018.

3   세계경제포럼, 「4차산업혁명에 따른 일자리의 미래」, NIA Special Report, 2018.

4   박가열, "AI·로봇-사람, 협업의 시대가 왔다", 한국고용정보원 보도자료, 2016.03.24.

5   Thomas L. Friedman. (2014, February 22). How to Get a Job at Google. The New York Times.

6   Keith J. Holyak, Robert G. Morrison. (2005). The Cambridge Handbook of Thinking and Reasoning. New York: Cambridge University Press, p.352.

7   이현주, 『신화, 그림을 거닐다』, 메가스터디북스, 2019.

8   Mihaly Csikszentmihalyi. (2013). Creativity: The Psychology of Discovery and Invention. NY: Harper Perenial.

9   애덤 그랜트·홍지수 역, 『오리지널스』, 한국경제신문사(한경비피), 2016.

10 Kozbelt, A. (2008). Longitudinal hit ratios of classical composers: Reconciling "Darwinian" and expertise acquisition perspectives on lifespan creativity. Psychology of Aesthetics, Creativity, and the Arts, 2(4), 221-235.

11 "OECD 국제 학업성취도 비교 연구(PISA 2018) 결과 발표", 교육부 보도자료, 2019.12.04.

12 애덤 그랜트·홍진수 옮김, 『오리지널스』, 한국경제신문사(한경비피), 2016, p.28.

13 Susan Greenfield 'Outside the Box: The Neuroscience of Creativity' at Mind & Its Potential 2011. Retreived from: https://www.youtube.com/watch?reload=9&v=TuTyaBxkW-W8&feature=emb_title

14 김순강 , "AI 이기려면 창의적 질문을 찾아라, 이러닝 콘퍼런스, AI 대응 교육 혁신 전략 모색", The Science Times, 2019.09.06.

15 Csikszentmihalyi, M., & Getzels, J. W. (1971). Discovery-oriented behavior and the originality of creative products: A study with artists. Journal of Personality and Social Psycholo-

gy, 19(1), 47 −52

16   이태윤, "질문의 힘이 자녀를 창의적 융합인재로 키운다", 동아일보, 2013.11.19.

17   강원국, 『나는 말하듯이 쓴다』, 위즈덤하우스, 2020.

18   오대영, 「이스라엘 유대인의 창의성의 사회문화적 배경」 교육종합연구(제12권 제2호), 한국
      연구재단, 2014, pp.103-131.

2장

1   정희모·이재성, 『글쓰기의 전략』, 들녘, 2005.

2   공태윤, "코로나 시대 'HR 리더십' 키워드 9가지", 한국경제신문, 2020.10.13.

3   조현철, 「내외적 학습동기, 자기결정성, 목표지향, 자기지각, 지능관 및 자기조절학습전략
      요인들의 학습태도, 학습행동 및 학업성취에 대한 효과」 25권 1호, 교육심리연구, 2011,
      pp.33-60.

4   Corey Poirier. (2017, October 31). "Why Your 'Why' Matters". Forbes Council Post.

5   사이먼 사이넥·이영민 역, 『나는 왜 이 일을 하는가?』, 타임비즈, 2013.

6   Warren Berger. (2016, July 2). "The Power of 'Why?' and 'What If?'". The New York Times.

7   Site Reliability Engineering. O'Reilly. Retreived from: https://sre.google/sre-book/exam-
      ple-postmortem

8   아이의 사생활 2부-도덕성 '도덕성 변인에 관한 연구', EBS 다큐프라임, 2007.

9   Richard Weissbourd. (2002). Moral Parent, Moral Child. The American Prospect, Summer
      2002.

10   김경신, 「한국 초등학교 1학년 아동의 발달적 특성과 교육내용에 관한 연구」, 강원대학교
      대학원 박사 학위 논문, 2007.

11   조세핀킴, "아이의 도덕성을 키워줘야 하는 이유", Best Baby, 2013년 5월호.

12   손은민, "손끝에 '보이는' 친구 얼굴…추억 방울방울 3D 앨범", MBC뉴스, 2020.01.07.

13   아리스토텔레스·이창우 역, 『니코마코스 윤리학』, EJB(이제이북스), 2006, p.51.

3장

1   A framework to guide an education response to the covid-19 pandemic of 2020. (2020).
      OECD.

2   권순정, 「코로나19 이후 교육의 과제: 재조명되는 격차와 불평등, 그리고 학교의 역할」, 서

울특별시교육청교육연구정보원 교육정책연구소, 2020.

3 이정현·박미희·소미영·안수현, 「코로나19와 교육: 학교 구성원의 생활과 인식을 중심으로」, 경기도교육연구원, 2020.

4 박정심·박수원, 「메타인지 학습전략과 성취동기, 자기주도적 학습시간의 종단적 상호관계」 16(2): 1-21, 미래청소년학회지, 2019.

5 이재신, 「고등학생의 메타인지와 학습몰입과의 관계: 자기주도적 학습능력의 매개효과」 26(2): 277-295, 한국교원교육연구, 2009.

6 Marcel V. J. Veenman, Bearnadette H. A. M. Van Hout-Wolters & Peter Afflerbach. (2006). Metacongnition and learning: conceptual and methodological considerations. Metacognition Learning, 1: 3-14

7 김형수·김동일, 「메타분석에 기초한 자기조절학습 프로그램의 효과적 구성 탐색」 8(2): 719-736, 상담학연구, 2007.
박지민·임병빈, 「메타인지 독해전략 훈련이 영어 읽기동기와 독해력에 미치는 효과」 18(1): 89-113, Journal of Linguistic Studies, 2012.
이계순·김종현, 「초인지 학습전략훈련이 수학학습 부진아의 문장제 해결능력에 미치는 효과」 15:116-130, 아동연구, 2006.

8 김동일·라수현·이혜은, 「메타인지전략의 효과에 관한 메타분석: 집단설계연구와 단일사례연구의 비교」 17(3):21-48, 아시아교육연구, 2016.

9 Stephen M. Fleming, Rimona S. Weil, Zoltan Nagy, Raymond J. Dolan, Geraing Rees. (2010). Relating Introspective Accuracy to Individual Differences in Brain Structure. Science 17 Sep 2010: Vol. 329, Issue 5998, pp.1541-1543.

10 KBS, 시사기획 창 '공부에 대한 공부', 2014.07.08.

11 리사 손, 「메타인지 학습법」, 21세기북스, 2019.

12 R.E. Mayer (2005). Cambridge handbook of multimedia learning, Cambridge University Press, New York, NY, pp.271-286.

13 Michelene T.H. Chi, Nicholas De Leeuw, Mei-Hung Chiu, Christian Lavancher. (1994). Eliciting self-explanations improves understanding. Cognitive Science, 18(3): 439-477.
Regina M. F. Wong, Michael J. Lawson, John Keeves. (2002). The effects of self-explanation training on students problem solving in high-school mathematics. Learning and Instruction, 12: 233-262.

14 J. Dunlosky, K.A. Rawson, E.J. Marsh, M.J. Nathan, D.T. Willingham. (2013). Improving students learning with effective learning techniques: promising directions from cognitive and educational psychology. Psychological Science in the Public Interest, 14(1): 4-58.

15 김동일·신을진·황애경, 「메타분석을 통한 학습전략의 효과연구」 3(2):71-93, 서울대학교 교육연구소 아시아교육연구, 2002.

16 조주연·강문선, 「교수-학습에서 선행조직자 활용의 뇌과학적 해석과 교육적 시사점」

27(2): 1-25, 초등교육연구, 2014.

17   Mike Myatt. (2013, February 8). "The Power Of 'What If'". Forbes.

18   박지욱, "역학의 역사를 연 스노의 콜레라 지도", The Science Times, 2020.03.03.

4장

1   Linda Flower. (2004). Problem-Solving Strategies for Writing. San Diego: Harcourt College Pub.
박영목·한철우·윤희원, 『국어과 교수학습 방법 탐구』, 교학사, 1995.

2   강원국, 『나는 말하듯이 쓴다』, 위즈덤하우스, 2020.

3   윤선영·정혜숙, 「유아의 자아존중감에 영향을 미치는 부모의 양육행동 탐색」 14(5), 유아교육학논집, 2010, pp.27-54.

4   Erik Homburger Erikson. (1964). Insight and Responsibility. New York: W. W. Norton & Co.

5장

1   강원국, 『나는 말하듯이 쓴다』, 위즈덤하우스, 2020.

2   노규식(청소년소아정신과 의사), 「영재를 둔 부모들의 특징」 2016년 4월호, 교육부(행복한 교육)

3   James S. Coleman. (1968). Equality of Education Opportunity, Equity & Excellence in Education, 6:5, 19-28.

4   Sarah Whittle, Julian G. Simmons, Meg Dennison, Nandita Vijayakumar, Orli Schwartz, Marie B.H. Yap, Lisa Sheeber, Nicholas B. Allen. (2014). Positive parenting predicts the development of adolescent brain structure: A longitudinal study. Developmental Cognitive Neuroscience, 8: 7-17.

5   조한익, 「초등학생이 지각하는 부모의 학습관여가 자기조절학습에 미치는 영향: 성취목표의 매개효과」 18(4), 청소년연구, 2011, pp.241-259.

6   송윤혜, 「부모의 교육지원활동이 초등학생의 학습동기 및 학습습관에 미치는 영향」 18(2), 초등교육학연구, 2011, pp.183-202.

7   박소희·조민아, 「부모의 긍정적 학습관여 행동과 자기결정성 동기, 학업 자아개념, 인지적 자기조절학습전략 간의 관계」 20(10), 청소년연구, 2013, pp.263-289.

8   이오덕, 『이오덕의 글쓰기』, 양철북, 2017, p.55.

9   김영훈, 『4~7세 두뇌 습관의 힘』, 예담friend, 2016, p.298.

10 유시민, 『유시민의 글쓰기 특강』, 아름다운사람들, 2015, p.62.

11 정재숙, "유홍준의 대중적 글쓰기 15가지 도움말", 중앙선데이, 2013.06.02.

12 배수정, 『책 속에 답이 있다』, 이페이지, 2020.

13 David Wilkins. (1972). Linguistics in Language Teaching. Australia: Edward Arnold. pp.111-112.

14 Michael Lewis. (1993). The Lexical Approach. Hove: Language Teaching Publications. p.89.

15 이오덕, 『이오덕의 글쓰기』, 양철북, 2017, p.121.

16 Get Messy With Your First Draft. (2009, February 10). Writer's Digest. Elizabeth Sims.

17 표정훈, "작가는 글 고치는 사람", 채널예스, 2020.03.03.

18 박혜민, "'별' 같은 좋은 글 베껴 써보세요", 중앙일보, 2013.05.20.

부록

1 The OECD Learning Compass 2030. Retreived from: https://www.oecd.org/education/2030-project/teaching-and-learning/learning

2 팀 페리스, 『마흔이 되기 전에』, 토네이도, 2018. p.379.

3 Jillian D'Onfro. (2015, February 1). Jeff Bezos' brilliant advice for anyone running a business. Business Insider.

4 장원준, "세계적 미래학자 3인이 보는 '메가 트렌드'", 조선일보, 2009.04.04.

하루 1 질문
초등 글쓰기의 기적

1판 1쇄 인쇄 2021년 4월 19일
1판 1쇄 발행 2021년 4월 27일

지은이 윤희솔

발행인 양원석 **책임편집** 한지연
디자인 이은혜, 김미선 **영업마케팅** 윤우성, 박소정, 이지원

펴낸 곳 ㈜알에이치코리아
주소 서울시 금천구 가산디지털2로 53, 20층 (가산동, 한라시그마밸리)
편집문의 02-6443-8859 **도서문의** 02-6443-8800
홈페이지 http://rhk.co.kr
등록 2004년 1월 15일 제2-3726호

ISBN 978-89-255-8869-8 (13590)